電気回路の基礎

足立修一・森 大毅 共著

$$Ri(t) + L\frac{di(t)}{dt} + \frac{1}{C}\int i(t)dt = v(t)$$

 東京電機大学出版局

はじめに

　1999 年から約 5 年間，宇都宮大学工学部電気電子工学科で著者らはともに 2 年生前期の授業科目である「電気回路 I」の講義と演習を担当した．同学科では，学科専門教育科目の必修科目として，「電気回路 I〜III」，「電気磁気学 I〜III」を設定し，それらの教育には特に力を入れてきた．電気電子の基礎（土台）は電気回路と電気磁気学であり，それらをしっかりと習得していれば，さまざまな高度な学科専門科目（たとえば，制御工学，通信工学，電波工学など）の理解は比較的容易に行えると考えたからである．電気系の卒業生として恥ずかしくない電気回路と電気磁気学の実力を身につけてもらうために，通常の講義だけではなく，講義と同時間の演習の時間を準備し，ともすれば一方通行になりがちな大学の授業において，演習の時間を通して学生の疑問に応えられるように工夫した．また，電気回路 I を受講する約 100 名の学生を 2 クラスあるいは 3 クラスに分け，1 クラスの学生数を 30 〜 50 名程度とする少人数クラス制を導入した．さらに，電気回路と電気磁気学を集中的に学習できるように，2 年生の前期に電気回路 I, II を，後期に電気磁気学 I, II を配置し，それらを順番に履修できるように，部分的に 4 学期制を導入した．

　以上のように，宇都宮大学電気電子工学科では，精力的に学科カリキュラムの見直しを行ってきた．教育システムの評価には時間がかかるので，電気回路と電気磁気学におけるカリキュラムの改革が本当に意味があったかどうかを判断することは現時点ではできないが，学生・教員に行ったアンケート調査では，比較的高い評価が得られている．もちろん教育システムの目的には限りがないため，同学科では継続的にカリキュラムの見直しを行っている．

はじめに

われわれは電気回路のカリキュラムについて検討してきたが，教育システムの改善と同様に，最も問題になったことは電気回路の教科書の選択であった．電気回路に関する古典的な名著は数多く存在し，われわれ電気系の教員たちはそれらの教科書を用いて電気回路を勉強してきた．しかし，それらの古典的名著の最大の問題点は，教科書がその読者に要求する前提知識のレベルがかなり高く，現在の平均的な大学生にとっては難しすぎる内容も含んでいることであった．ごく少数の，いわゆるエリートたちが大学に進学していた時代と，大学進学率が約 50% で，しかも「ゆとり教育」世代の現在とでは，まったく状況が変わってしまっている．

われわれは授業を担当していた 5 年間に講義ノートを作り，また演習の時間用に膨大な演習問題を作成した．それらをもとにして，できるだけ例題や演習問題の多い電気回路の教科書を作成することを目的として本書を執筆した．本書の読者の皆さんには，多数の例題や演習問題を自分の頭と紙と鉛筆を使って解いていただきたい．他人が解いた答えを定期試験直前にコピーして眺めただけでも「単位」はとれるかもしれないが，決して自分の実力にはならないだろう．そこで，章末の演習問題の解答では，単に「答え」のみを与え，その導出過程はあえて示さなかった．ぜひ，その導出過程を自分自身の力で探していっていただきたい．また，大学などで教科書として採用していただいた先生用として，参考までに講義資料を準備させていただいた．出版社まで連絡をとっていただければと思う．

本書は電気回路の最も基礎的な部分であるオームの法則，キルヒホッフの法則，交流理論（定常解析），線形回路網の解析，そして 2 端子対回路について解説したものである．宇都宮大学では，本書の内容をカバーする「電気回路 I」の後，電気回路 II で「ラプラス変換と過渡現象」，電気回路 III で「三相交流，分布定数回路」などの内容を講義している．本書を読み終えた読者は，ぜひつぎのステップへ進んで，電気回路の学習を続けていただきたい．

本書の特徴を以下に列挙しておこう．

- できるだけ内容を厳選したこと——さまざまな情報を含んでいるということは本の使命の一つだろう．もちろんそのような辞書的な教科書も必要である．しかしながら，さまざまな事柄が執筆されていると，いったいその中でどれが重要であるのか，わからなくなってしまう読者も出てくるだろう．そこで，本書では著者の独断で，できるだけ重要であると思われることのみを記述した．
- すでに述べたように例題，演習問題を多数用意したこと．
- 式変形をくどいくらい丁寧に記述したこと．
- 電気電子工学に興味をもってもらうため，電気の偉人たちのエピソードなどをまとめたコラムを掲載したこと．
- 電気回路の専門用語の英文をできるだけ記述したこと——もちろん日本語での理解が第一であるが，基本的な専門用語を英語でもいえるようにしておくことは，グローバルな国際社会において必要なことであろう．

なお，本書では，抵抗，インダクタ，キャパシタなどの回路図として，JIS図記号の新図記号を用いた．昔，電気回路を学んだ著者らにとって，抵抗といえばギザギザマーク（—\/\/\—）と相場は決まっていた．とても寂しい気がするが，本書では長方形の箱（—▭—）で抵抗を表記した．

本書の執筆に際して宇都宮大学電気電子工学科のさまざまな方のお世話になった．そのすべてを記すことはできないが，何名かの名前を書かせていただくことにより感謝の意を表したい．まず，著者らが教育・研究活動を行う上で非常にお世話になった粕谷英樹氏（宇都宮大学名誉教授）に感謝する．つぎに，カリキュラム改革後の最初に演習を担当していただいた古神義則助教授には第二の著者の森とともに，何もない白紙の状態から多数の演習問題を作成していただいた．特に，古神氏には，電気回路の初学者にとって最もとっつきにくいであろう，正弦波交流について，グラフを多用した演習問題を多数作成していただいた．このような演習問題は，電気回路の他のテキストではあまり見られない本書独自の演習

だと思っている．氏のご尽力に謝意を表したい．また，その後，演習を担当していただいた伊藤弘昭助手（現 富山大学），齋藤和史助手，そして TA（ティーチングアシスタント）を勤めていただいた足立研究室，粕谷研究室の学生の皆さんに感謝する．最後に，本書を出版するにあたりご尽力をいただいた東京電機大学出版局の植村八潮氏と吉田拓歩氏に感謝する．

2007 年 1 月

著者を代表して　足立 修一

目次

第 1 章 電気回路の基礎　1

- 1.1 電気はなぜ流れる 1
- 1.2 オームの法則 2
- 1.3 抵抗の直列接続と並列接続 7
- 1.4 キルヒホッフの法則 12
- 1.5 電圧源と電流源 17
- 1.6 電力，ジュール熱，効率 22
- 　　演習問題 27

第 2 章 基本的な交流回路の計算 (I)　31

- 2.1 正弦波交流 31
- 2.2 基本的な回路素子 38
- 2.3 基本的な直列回路の計算 54
- 2.4 基本的な並列回路の計算 66
- 2.5 電力とエネルギー 71
- 2.6 相互誘導回路と理想変成器 84
- 　　演習問題 86

第 3 章 基本的な交流回路の計算 (II)　90

- 3.1 複素数 90
- 3.2 交流のフェーザ表現 102
- 3.3 基本的な直列回路の計算 106
- 3.4 基本的な並列回路の計算 116

3.5　共振 122
3.6　相互誘導回路の複素数表示 128
3.7　電力の複素表現 130
　　　演習問題 133

第4章　回路網の解析　136

4.1　ループ解析 136
4.2　ノード解析 145
4.3　例題 151
　　　演習問題 155

第5章　線形回路に関するさまざまな定理　160

5.1　重ね合わせの理 160
5.2　テブナンの定理 166
5.3　ノートンの定理 177
5.4　ホイートストンブリッジ 179
5.5　線形回路網の双対性 186
　　　演習問題 186

第6章　2端子対回路　188

6.1　2端子対回路のインピーダンス行列 188
6.2　2端子対回路のアドミタンス行列 198
6.3　伝送行列 206
6.4　等価回路 212
　　　演習問題 216

参考文献　217
演習問題の解答例　218
索引　224

コラム

- アレッサンドロ・ボルタ ……………………………………… 4
- ゲオルグ・ジーモン・オーム ………………………………… 5
- アンドレ・マリー・アンペール ……………………………… 6
- グスターブ・キルヒホッフ …………………………………… 16
- ジェームス・ワット …………………………………………… 23
- ジェームズ・プレスコット・ジュール ……………………… 24
- ハインリヒ・ヘルツ …………………………………………… 33
- マイケル・ファラデー ………………………………………… 40
- ジョセフ・ヘンリー …………………………………………… 41
- 「抵抗」と「インピーダンス」 ……………………………… 46
- シャルル・ド・クーロン ……………………………………… 49
- 抵抗，コイル，コンデンサの大きさは？ …………………… 55
- 抵抗のカラーコード …………………………………………… 57
- 三角関数の公式 ………………………………………………… 86
- ルネ・デカルト ………………………………………………… 93
- レオンハルト・オイラー ……………………………………… 94
- テブナンとノートンの謎 ……………………………………… 168
- チャールズ・ホイートストン ………………………………… 180

第1章 電気回路の基礎

本章では，電気回路を学ぶ上で最も基礎となるいくつかの法則を紹介する．直流電源と抵抗から構成される簡単な回路に対して，オームの法則，キルヒホッフの電流則・電圧則，そしてジュールの法則などを説明する．記述の仕方はちょっと堅苦しいかもしれないが，オームの法則や合成抵抗の計算法など，本章で学ぶほとんどの内容は高等学校の物理の知識で対応できるだろう．まずは気楽に始めよう．

1.1 電気はなぜ流れる

高いところから低いところに，言い換えると，位置エネルギー（ポテンシャル，potential）の大きなところから小さなところに水が流れる．これと同じように，**電位** (electric potential)[1]，あるいは**電圧** (voltage) の高いところから低いところに向かって**電気** (electricity) は流れ，その流れは**電流** (current) と呼ばれる（図 1-1）．より正確にいうと，電流は**正電荷** (electric charge) の流れであり，単位時間当たりの電荷量を電流と定義する．

---

[1]. 電位とは，電気的な位置エネルギーのことである．

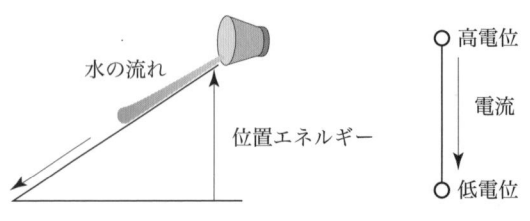

図 1-1 水の流れと電流

電位の高低差のことを**電位差**という．電位差の概念を確立したのはボルタである（p.4，コラム 1 を参照）．

1.2 オームの法則

図 1-2 に示すように，端子 A と端子 B の間に**抵抗**（resistor）R が存在する**電気回路**（electric circuit）について考える．ここで，抵抗を図 1-3 に示した．抵抗とは，電流を流れにくくする回路素子であり，その単位は「オーム」〔Ω〕である．

電気回路において最も基本的な法則がつぎにまとめるオームの法則である．

> ❖ ポイント 1.1 ❖　オームの法則（Ohm's law）
>
> 図 1-2 において，端子 A から端子 B の方向に電流 I が流れたとする．このとき，A のほうが B より電位が高く，A と B の電位差（電圧）は，
>
> $$V = RI \tag{1.1}$$
>
> で与えられる．この関係式を**オームの法則**という．また，抵抗 R で $V = RI$ の**電圧降下**（voltage drop）があるともいう．この電圧降下を $-RI$ の起電力と考えることもでき，これを**逆起電力**（back electromotive force）という．ここで，電圧 V の単位は**ボルト**（volt）〔V〕，電流 I の単位は**アンペア**（ampere）〔A〕である．

なお，オーム（p.5，コラム 2 を参照）は 1820 年代後半に実験に基づいてオームの

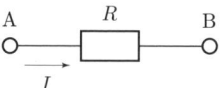

図 1-2　オームの法則

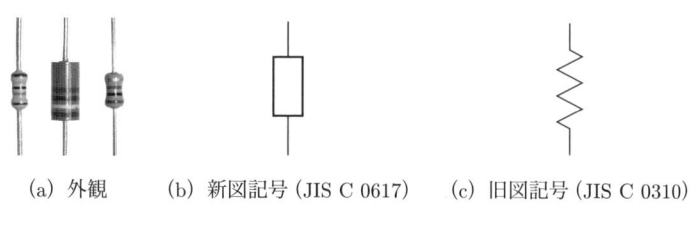

(a) 外観　　(b) 新図記号 (JIS C 0617)　　(c) 旧図記号 (JIS C 0310)

図 1-3　抵抗 [2]

法則を発見し，抵抗の単位として彼の名が残っている．一方，電流の単位である「アンペア」は，「アンペールの定理」で有名なアンペール（p.6，コラム 3 を参照）の名に由来する．

式 (1.1) を変形すると，

$$I = \frac{1}{R}V = GV \tag{1.2}$$

が得られる．ただし，

$$G = \frac{1}{R} \tag{1.3}$$

は，**コンダクタンス** (conductance)[3] と呼ばれ，その単位は「ジーメンス」(siemens) 〔S〕，あるいは「モー」〔mho〕[4] である．

---

[2]. 1997 年 JIS C 0617 において，抵抗の図記号は図 1-3 (b) のように定められたが，以前は同図 (c) が用いられていた．依然として (c) が用いられることが多いが，JIS 規格にならい，本書では新図記号を用いることにした．その他の図記号についても，JIS 規格の改正に伴い変更されたものがある．JIS C 0617 を参照されたい．

[3]. "conduct" とは，電気や熱などを伝える，伝導する，という意味であるので，"conductance" は「電気伝導力」，すなわち，電気の伝わりやすさという意味になり，「抵抗」とは逆の意味である．ちなみに，"conductor" は「導体」，"semiconductor" は「半導体」である．

[4]. "mho" は "ohm" を逆から並び替えただけである．

コラム1 —— アレッサンドロ・ボルタ（Alessandro Volta, 1745～1827）

ボルタはイタリアのミラノ郊外のコモ（コモはイタリアきっての避暑地である）出身の物理学者で，電気学の始祖と呼ばれている．イタリアのボローニャ大学解剖学教授であったガバニーニの蛙（カエル）の脚をけいれんさせる実験による「動物電気」の発見に疑問を感じ，ボルタは電池に関する研究を開始した．

彼は2種類の金属を接触させたときに生じる電気の強さを調べ，1797年に金属の「電圧列」が，

　　　（−）亜鉛 − 鉛 − 錫（すず）− 鉄 − 銅 − 銀 − 金 − 石墨（＋）

の順であることを明らかにした．電圧列は，二つの金属を接触させたときに，列の左側の金属が必ず「正」（プラス）に帯電することを意味する．ボルタは列の左右の金属の接触によって生じる「電位差」を測定し，1799年には塩水に亜鉛版と銅板を入れた電池を発明した．これが有名なボルタの電池である．なお，論文誌に発表されたのが1800年なので，ボルタの電池の発明は1800年とされる．1801年にフランス学士院の会合でナポレオンの前で電気実験を行い，勲章を受けた．さらに，伯爵に任じられるなど華やかな生活を送ったという．

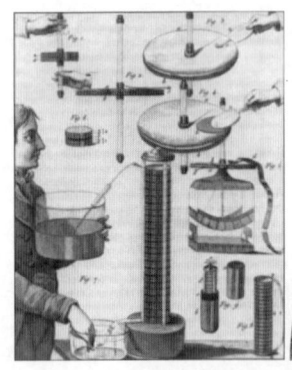
ボルタの電気実験

ナポレオンの前で実験するボルタ

1881年，パリ第1回電気国際会議において，ボルタを記念して電圧の基本単位を「ボルト」とすることが決まった．

コラム 2 —— ゲオルグ・ジーモン・オーム（Georg Simon Ohm, 1789〜1854）

　オームは，1789 年ドイツのエアランゲンで錠前職人の子として生まれた．16 歳のとき，エアランゲン大学に入学し物理と数学を専攻するが，経済的に恵まれず，大学を 2 年で中退した．その 4 年後，大学に復学し学位を取得するが，卒業後は研究を続けることができず高校教師になる．高校教師時代にフーリエの熱の流れに関する論文を読み，電流についても同じような法則が成り立つのではないかと考えた．1817 年，オームはそれまでの研究成果をまとめて出版し，これが認められてケルン王立学校の物理学教授になった．その後，1826 年に，いわゆる「オームの法則」が記述されていることで有名な『電気回路の数学的研究』を出版した．

　オームの研究の重要なところは，定性的には知られていた電圧・電流・抵抗の関係を，実験を通して定量的に示したところである．オームの法則は，発表後，数年間はドイツ国内では認められなかったが，英国ロンドン王立学会は，1841 年にこの法則を認め，彼の功績をたたえた．なお，オームは，電気学だけでなく音響学の研究も行い，音響に関する法則も発表している．

　オームはミュンヘン大学の教授として，研究だけでなく，教育にも力を注いだ．2 時間の講義時間のうち，1 時間は板書による講義，残りの 1 時間は問題を与えて個人教授を行った．すなわち，講義と演習のシステムの基礎を作ったのはオームであり，その後，ドイツの大学における物理教育の標準となった．

　1881 年，パリ第 1 回電気国際会議において，電気抵抗の単位の名称を「オーム」とすることが決まった．

コラム3 —— アンドレ・マリー・アンペール（Andre' Marie Ampere, 1775〜1836）

アンペールは，1775年フランスのリヨン出身の物理学者で，電磁気学の創始者の一人である．フランス革命の混乱の中，アンペールの父は処刑されてしまうが，彼は息子に数学の才能があることに気づき，数学の教育を受けさせていた．アンペールは12歳のときにすでに微分学を理解していたという．アンペールは，25歳のときブルグ中央学校教授となり，その4年後にエコールポリテクニク（Ecole Polytechnique）講師，そして34歳のとき教授となった．この時期の電気の研究は，フランス革命によって新しく誕生した大学であるエコールポリテクニクの研究者たちによって精力的に行われた．フーリエやラプラスなどもほぼ同時期にエコールポリテクニクに在籍していた．

アンペールは当初，応用数学の研究をしていたが，その後，物理学の研究に移行していった．そして，電流と磁界の関係について研究し，1820年に電流の向きを右ねじが進む方向にとると，磁界はねじの回る方向に一致するという「アンペールの右ねじの法則」を発見した．

1881年，パリ第1回電気国際会議において，電流の単位の名称を「アンペア」（アンペールの英語読み）とすることが決まった．

抵抗 R は電流の流れにくさを表すが，特に，$R=0$ のとき**短絡**（short circuit）といい，$R=\infty$ のとき**開放**（open circuit）という（図1-4）．

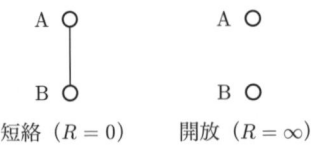

図 1-4 短絡と開放

1.3 抵抗の直列接続と並列接続

1.3.1 直列接続

図 1-5 に示すように二つの抵抗 R_1 と R_2 が**直列接続**（series connection）されている場合について考えよう．この場合，端子 A から端子 B まで流れる電流は I であり，これは一定であるが，二つの抵抗における電圧降下はそれぞれ V_1 と V_2 になることに注意する．

すると，つぎの式が成り立つ．

$$V_1 = R_1 I \tag{1.4}$$

$$V_2 = R_2 I \tag{1.5}$$

いま，電流 I は一定なので，これらの式から抵抗値が大きい抵抗のほうが電圧降下が大きいことがわかる．また，

$$V = V_1 + V_2 = (R_1 + R_2)I = RI \tag{1.6}$$

なので，二つの抵抗を直列接続した場合の**合成抵抗**は，

$$R = R_1 + R_2 \tag{1.7}$$

となる．

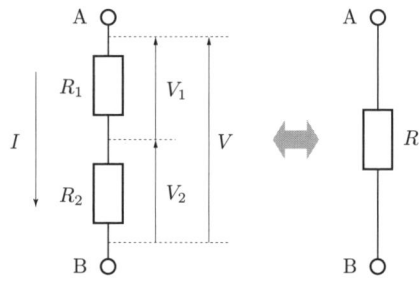

図 1-5 抵抗の直列接続

ここでは二つの抵抗の直列接続を考えたが，一般的な n 個の抵抗 R_1, R_2, ..., R_n の直列接続の場合も，同様にして合成抵抗は次式で与えられる．

$$R = \sum_{i=1}^{n} R_i \tag{1.8}$$

さて，式 (1.6) より，

$$I = \frac{1}{R_1 + R_2} V$$

なので，これを式 (1.4)，式 (1.5) に代入すると，つぎの結果が得られる．

> ❖ ポイント 1.2 ❖　電圧の分配則
>
> 図 1-5 の電気回路において次式が成り立つ．
>
> $$V_1 = \frac{R_1}{R_1 + R_2} V \tag{1.9}$$
>
> $$V_2 = \frac{R_2}{R_1 + R_2} V \tag{1.10}$$
>
> このように，抵抗を直列接続すると，それぞれの抵抗における電圧降下は抵抗値に比例して分配される．これを**電圧の分配則**，あるいは単に**分圧則**という．

1.3.2　並列接続

図 1-6 に示したように二つの抵抗 R_1 と R_2 が**並列接続**（parallel connection）されている場合について考えよう．この場合，端子 A と端子 B の間の電位差は V であり，これは一定であるが，二つの抵抗を流れる電流はそれぞれ I_1 と I_2 であることに注意する．

すると，つぎの式が成り立つ．

$$I_1 = \frac{1}{R_1} V \tag{1.11}$$

$$I_2 = \frac{1}{R_2} V \tag{1.12}$$

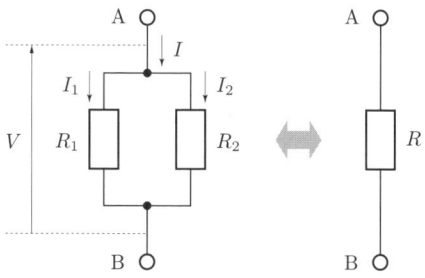

図 1-6 抵抗の並列接続

いま，電圧 V は一定なので，抵抗値が小さな抵抗に流れる電流のほうが大きいことがわかる．これは，つぎのような状況を考えれば直観的に明らかであろう．たとえば，車を運転していて，道が二つに分岐した場合を考えよう．その一つが舗装された通りやすい道で，もう一つが通りにくい砂利道であったら，多くのドライバーは舗装された道を通るだろう．

また，

$$I = I_1 + I_2 = \left(\frac{1}{R_1} + \frac{1}{R_2}\right)V = \frac{1}{R}V \tag{1.13}$$

なので，二つの抵抗を並列接続した場合の合成抵抗は，

$$\frac{1}{R} = \frac{1}{R_1} + \frac{1}{R_2} \tag{1.14}$$

となる．これより，次式が得られる．

$$R = \frac{R_1 R_2}{R_1 + R_2} \tag{1.15}$$

並列接続の場合の合成抵抗は，式 (1.15) より明らかなようにちょっと取り扱いにくい形になっている．しかし，抵抗ではなくその逆数であるコンダクタンスを利用すると，式 (1.14) は見やすい形式になる．すなわち，二つの抵抗を並列接続した場合の**合成コンダクタンス**は，

$$G = G_1 + G_2 \tag{1.16}$$

で与えられる．ただし，

$$G = \frac{1}{R}, \quad G_1 = \frac{1}{R_1}, \quad G_2 = \frac{1}{R_2} \tag{1.17}$$

とおいた．

ここでは二つの抵抗の並列接続を考えたが，一般的な n 個の抵抗 R_1, R_2, ..., R_n を並列接続した場合にも，同様にして合成抵抗は次式で与えられる．

$$\frac{1}{R} = \sum_{i=1}^{n} \frac{1}{R_i} \tag{1.18}$$

あるいは，並列接続の合成コンダクタンスは次式で与えられる．

$$G = \sum_{i=1}^{n} G_i \tag{1.19}$$

さて，式 (1.13) より，

$$V = \frac{R_1 R_2}{R_1 + R_2} I = \frac{1}{G_1 + G_2} V$$

が得られる．これを式 (1.11)，式 (1.12) に代入すると，つぎの結果が得られる．

❖ ポイント 1.3 ❖　電流の分配則

図 1-6 の電気回路において，次式が成り立つ．

$$I_1 = \frac{G_1}{G_1 + G_2} I = \frac{R_2}{R_1 + R_2} I \tag{1.20}$$

$$I_2 = \frac{G_2}{G_1 + G_2} I = \frac{R_1}{R_1 + R_2} I \tag{1.21}$$

このように，抵抗を並列接続すると，それぞれの抵抗を流れる電流はコンダクタンスに比例して分配される（あるいは，抵抗に反比例して分配される）．これを**電流の分配則**，あるいは単に**分流則**という．

つぎの例題を通して，合成抵抗の計算法について理解を深めよう．

例題 1.1

$R_1 = 10\ [\Omega]$，$R_2 = 10\ [\Omega]$，$R_3 = 20\ [\Omega]$ として下図の回路の合成抵抗を求めよ．

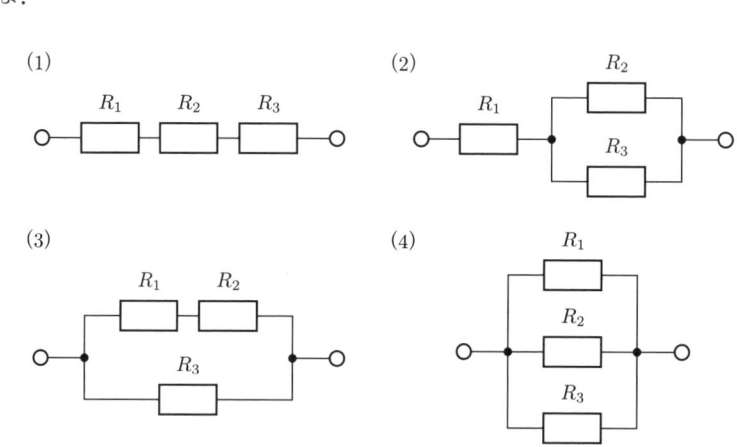

解答

(1) $R_1 + R_2 + R_3 = 40\ [\Omega]$

(2) $R_1 + \dfrac{1}{\dfrac{1}{R_2} + \dfrac{1}{R_3}} \approx 17\ [\Omega]$

(3) $\dfrac{1}{\dfrac{1}{R_1 + R_2} + \dfrac{1}{R_3}} = 10\ [\Omega]$

(4) $\dfrac{1}{\dfrac{1}{R_1} + \dfrac{1}{R_2} + \dfrac{1}{R_3}} = 4\ [\Omega]$

例題 1.2

$G_1 = 0.1$ 〔S〕, $G_2 = 0.2$ 〔S〕, $G_3 = 0.3$ 〔S〕, $G_4 = 0.4$ 〔S〕として下図の回路の合成抵抗を求めよ.

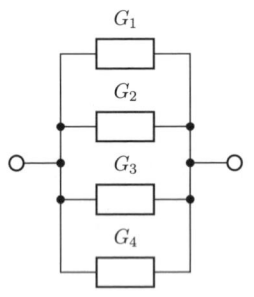

解答 $G_1 + G_2 + G_3 + G_4 = 1$ 〔S〕なので,合成抵抗は $R = 1/G = 1$ 〔Ω〕である.

1.4 キルヒホッフの法則

オームの法則と並んで電気回路で最も重要な法則に,二つの**キルヒホッフの法則** (Kirchhoff's law) がある.キルヒホッフ (コラム 4 を参照) は 1845 年と 1847 年にこれらの法則を見つけた.

1.4.1 キルヒホッフの電流則

図 1-7 に示した回路について考える.図において,回路が交わっている部分 (図中の黒丸) を**ノード** (node) と呼ぶ.ノードは**節点**あるいは結合点とも呼ばれる.図に示したように,このノードに電流が流入したり,このノードから電流が流出したりしている.

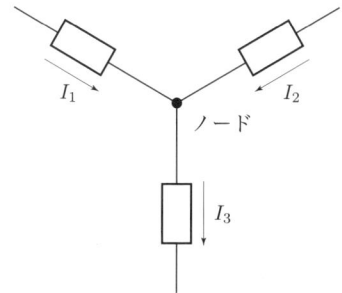

図 1-7　キルヒホッフの電流則

このとき，つぎの法則が成り立つ．

> **❖ ポイント 1.4 ❖　キルヒホッフの電流則**
> 任意のノードに流入する電流の代数和は，あらゆる瞬間において 0 である．これを**キルヒホッフの電流則**（KCL：Kirchhoff's Current Law）という．**電流連続の法則**，あるいは**キルヒホッフの第 1 法則**と呼ばれることもある．

キルヒホッフの電流則より，図 1-7 の回路では，

$$I_1 + I_2 - I_3 = 0 \tag{1.22}$$

が成り立つ．キルヒホッフの法則は，ノードに流入する電流の総和とノードから流出する電流の総和は等しいことを意味している．

キルヒホッフの電流則に関連する重要な法則をつぎにまとめておこう．

> **❖ ポイント 1.5 ❖　電荷の保存則**
> あるノードに流入する電荷は，そのノードには蓄積されず，必ず流出する．

図 1-8 に示したような二つの回路の間で電荷，すなわち，電流の受け渡しがある場合を考える．この回路では，電荷の保存則より次式が成り立つ．

$$I_1 + I_2 - I_3 = 0 \tag{1.23}$$

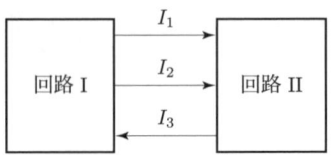

図 1-8　電荷の保存則

1.4.2　キルヒホッフの電圧則

図 1-9 に示した回路について考える．この回路には四つのノード A，B，C，D があり，それらでループ（loop）を構成している．ループは閉路あるいは環路とも呼ばれる．このとき，つぎの法則が成り立つ．

> ❖ ポイント 1.6 ❖　キルヒホッフの電圧則
>
> 任意のループの電位差の代数和は，あらゆる瞬間において 0 である．これをキルヒホッフの電圧則（KVL：Kirchhoff's Voltage Law）という．電圧平衡の法則，あるいはキルヒホッフの第 2 法則と呼ばれることもある．

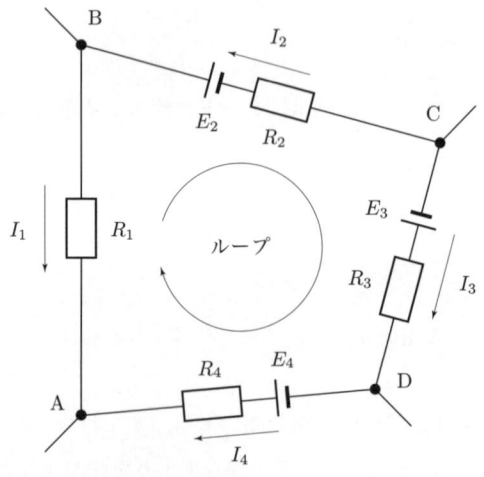

図 1-9　キルヒホッフの電圧則

キルヒホッフの電圧則より，図 1-9 の回路では，

$$-R_1I_1 + E_2 - R_2I_2 - E_3 + R_3I_3 - E_4 + R_4I_4 = 0 \tag{1.24}$$

が成り立つ．図に示した回路は，抵抗と乾電池のような直流電源から構成されているが，キルヒホッフの電圧則は第 2 章以降で述べる交流電源の場合でも成り立つ一般的な法則であることに注意する．

ある場所から高い位置に上ったり，低い位置に下りたりする状況を想像すると，キルヒホッフの電圧則は理解しやすい．図 1-9 の回路では，ノード A から B，C，D というループを通ってノード A に戻ってくる状況を考えているが，それを図 1-10 を用いて説明しよう．この図は，電位が高いところに移動するときには上方向へ上り，電位が低いところに移動するときには下方向に下ることを示したものである．ある場所から出発して結局同じ場所に戻ってきたら，やはり高さ（ポテンシャル，電位）は一緒でした，というのがキルヒホッフの電圧則の自然な解釈であろう．

キルヒホッフの電圧則に関連した重要な法則をつぎにまとめておこう．

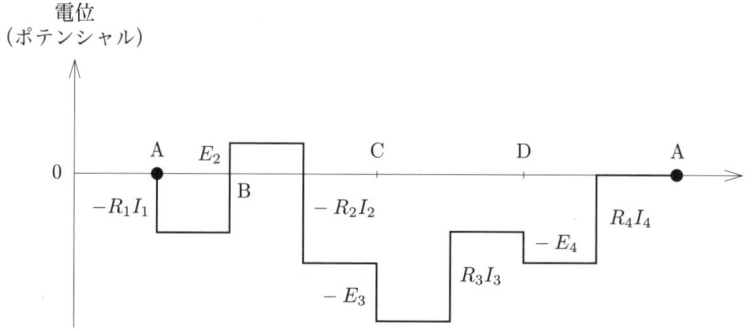

図 1-10　キルヒホッフの電圧則の考え方

♣ ポイント 1.7 ♣　エネルギー保存則

単位電荷をあるノードから出発してループに沿ってもとのノードまで移動させたときになす**仕事**（work）は 0 である．

　キルヒホッフの電流則と電圧則は，それぞれ第 4 章で述べるノード解析とループ解析において重要な役割を果たす．それぞれの利用例については第 4 章で詳しく説明する．

コラム 4 ── グスターブ・キルヒホッフ（Gustav Robert Kirchhoff, 1824〜1887）

　キルヒホッフは，ドイツのカリーニングラード出身の物理学者であり，ハイベルク大学教授，ベルリン大学教授を歴任した．

　通信技術が発展し，新しい電信線ができると，各線に流れる電流を計算するために，オームの法則を適用していたのだが，そのたびに初めから計算し直さなければならなかった．この問題点を解決したのが，キルヒホッフの第 1，第 2 法則であった．電気の世界では，これらの法則が有名であるが，キルヒホッフは広範囲の研究を行い，彼の名がついた法則を複数個発表している．たとえば，熱平衡状態にある物質では吸収率と放射率が等しいことをいう，熱に関するキルヒホッフの法則，そして，光の回折理論に関するキルヒホッフの法則などが有名である．また，スペクトル分析器（分光器）を発明したのもキルヒホッフである．

　ハイデルベルク大学では，キルヒホッフの門下から数多くの優れた研究者が輩出された．ボルツマン定数で有名な統計力学のボルツマンもキルヒホッフのゼミに参加していたという．

1.5 電圧源と電流源

電源として最もなじみ深いものは**電池**（battery あるいは cell）だろう．電池は直流電圧源であるが，ここで注意すべきことが二つある．

まず，通常「電源」という言い方をするが，電気回路では，電源は**電圧源**（voltage source）と**電流源**（current source）に分類されることである．日常生活では，たとえば「電圧 100 V の電源」といったように，一定の電圧を供給する電圧源を電源と呼ぶことが多いので，「電源＝電圧源」のイメージが強いが，一定の電流を供給する「電流源」というものも存在することに注意する．

つぎに，電源には**直流**（DC：Direct Current）と**交流**（AC：Alternating Current）があることである．たとえば，1.5 V の乾電池は直流であり，家庭用の 100 V は交流である．まず，本章では直観的にイメージしやすい直流を用いて説明していくが，第 2 章以降では交流回路について勉強する．

以上より，電源はつぎの四つに分類される．

- 直流電圧源
- 直流電流源
- 交流電圧源
- 交流電流源

1.5.1 電圧源

電池に抵抗を接続した場合の回路図を図 1-11 に示した．まず，図中の記号について説明する．電池の**起電力**（electromotive force）を E とし，電池の**内部抵抗**（internal resistance）を r とした．内部抵抗とは，電池内部に含まれる抵抗分のことで，一般には小さいものと仮定できる．起電力と内部抵抗を合わせたものを**直流電圧源**と呼ぶ．図 1-11 では，この電池に抵抗 R を接続した．この抵抗のことを，**外部抵抗**（external resistance）あるいは**負荷**（load）と呼ぶ．このとき，回路

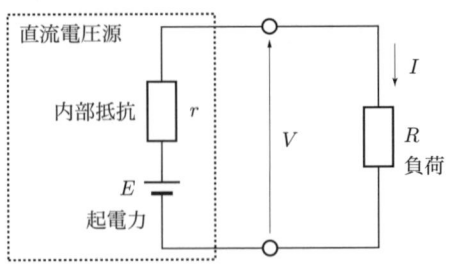

図 1-11　直流電圧源

に流れる電流を I，負荷 R の端子間電圧を V とした．

図 1-11 より，つぎの回路方程式が得られる．

$$E = (R+r)I \tag{1.25}$$

これより，回路を流れる電流は，

$$I = \frac{E}{r+R} = \frac{E}{R\left(1+\dfrac{r}{R}\right)} \tag{1.26}$$

となるので，負荷の端子間電圧 V は次式のようになる．

$$V = \frac{ER}{r+R} = \frac{E}{1+\dfrac{r}{R}} \tag{1.27}$$

通常，$R \gg r$ なので，V と I はそれぞれ次式のように近似できる．

$$V \approx E, \quad I \approx \frac{E}{R} \tag{1.28}$$

このように，内部抵抗が小さい電圧源は一定の電圧 V を供給できるので，**定電圧源**（constant voltage source）と呼ばれる．

1.5.2　電流源

図 1-12 の回路について考える．図において，丸の中に矢印の記号が電流源を表す．ここで，この電流源の内部抵抗は r で，一定電流 $I_0 = E/r$ を発生する電流源である．

1.5 電圧源と電流源　　19

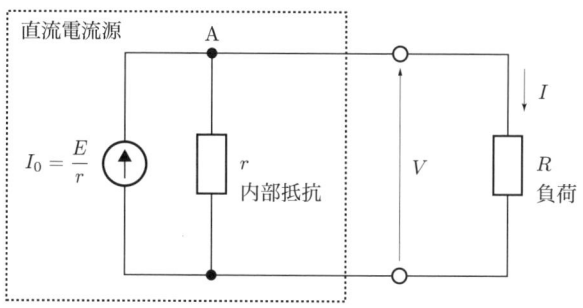

図 1-12　直流電流源

　負荷 R の端子間電圧を V とし，R を流れる電流を I とする．このとき，図中のノード A に対してキルヒホッフの電流則を適用すると，つぎの回路方程式が得られる．

$$\frac{V}{r} + I = I_0 \tag{1.29}$$

いま，

$$V = RI \tag{1.30}$$

なので，式 (1.30) を式 (1.29) に代入して整理すると，次式が得られる．

$$I = \frac{r}{r+R}I_0 = \frac{1}{1+\dfrac{R}{r}}I_0 \tag{1.31}$$

内部抵抗 r が負荷 R と比べて非常に大きければ，すなわち $r \gg R$ ならば，式 (1.31) はつぎのように近似できる．

$$I \approx I_0 = \frac{E}{r} \tag{1.32}$$

このように，内部抵抗が非常に大きい電流源は，一定の電流 I を供給できるので，**定電流源**（constant current source）と呼ばれる．

1.5.3 電圧源と電流源の等価変換

式 (1.27) より，電圧源の場合，抵抗 R の端子間電圧を V_v とおくと，これは

$$V_v = \frac{ER}{r+R} \tag{1.33}$$

で与えられる．一方，式 (1.30)，式 (1.31) より，電流源の場合，抵抗 R の端子間電圧を V_i とおくと，これは

$$V_i = \frac{rR}{r+R} I_0 \tag{1.34}$$

で与えられる．いま，

$$I_0 = \frac{E}{r} \tag{1.35}$$

を式 (1.34) に代入すると，

$$V_i = \frac{ER}{r+R} \tag{1.36}$$

となるので，次式が成り立つ．

$$V_v = V_i \tag{1.37}$$

したがって，式 (1.35) が成り立つとき，図 1-11 の直流電圧源と図 1-12 の直流電流源は，抵抗に同じ端子間電圧を与えることがわかる．このとき，二つの電源は**等価** (equivalent) である，あるいは，図 1-11 と図 1-12 は**等価回路** (equivalent circuit) であるといわれる．

> **例題 1.3**
>
> 起電力 $V_1 = 12$〔V〕の自動車用バッテリーの代わりに起電力 $V_2 = 1.5$〔V〕の乾電池を 8 本直列接続して（すなわち，12 V の電源として）エンジンを始動しようとしたが，起動できなかった．なお，エンジン始動用の電動機（負荷）の抵抗を $R = 0.1$〔Ω〕とする．
>
> (1) 自動車用バッテリーの内部抵抗を $r_1 = 0.01$〔Ω〕とする．これを負荷に接続したときの負荷の端子間電圧を求めよ．

(2) 乾電池 1 本当たりの内部抵抗を $r_2 = 0.5\,[\Omega]$ とする．これを 8 本直列接続したものを負荷に接続したときの負荷の端子間電圧を求めよ．

(3) (1) と (2) の結果より，乾電池 8 個でエンジンを起動できなかった理由を考察せよ．

解答

(1) 回路を流れる電流は，

$$I_1 = \frac{V_1}{r_1 + R} = \frac{12}{0.01 + 0.1} \approx 109\,[\text{A}]$$

となるので，負荷の端子間電圧は次式のように計算できる．

$$V_1 - r_1 I_1 = 12 - 109 \times 0.01 = 11\,[\text{V}]$$

(2) 回路を流れる電流は，

$$I_2 = \frac{8 \times V_2}{r_2 \times 8 + R} = \frac{12}{0.01 \times 8 + 0.1} \approx 2.9\,[\text{A}]$$

となるので，負荷の端子間電圧は次式のように計算できる．

$$12 - 2.9 \times 4 = 0.3\,[\text{V}]$$

(3) 以上より，内部抵抗が大きい乾電池を利用したため，負荷の端子間電圧が 11 V から 0.3 V まで減少してしまった．そのため，エンジンを起動することができなかった．

1.6　電力，ジュール熱，効率

1.6.1　電力とジュール熱

　電流が抵抗を流れ，電圧降下が起こった場合，抵抗ではどのような物理的な変化が起こるのだろうか？

　準備のために，**電力**を定義しよう．電力とは "power" の和訳である．電気の分野では "power" を電力と訳すが，他の分野では「パワー」とカタカナ表記されることが多い．たとえば，ディジタル信号処理の分野におけるパワースペクトル密度関数などである．電力は単位時間当たりに消費されるエネルギーのことである．言い換えると，電力を時間に関して積分したものが**エネルギー** (energy) である．

> ❖ ポイント 1.8 ❖　　パワーとエネルギー
>
> パワーとエネルギーはつぎの関係式を満たす．
>
> $$\text{エネルギー} = \int [\text{パワー}] \, dt \tag{1.38}$$
>
> ここで，パワー (電力) の単位は「ワット」〔W〕で，エネルギーの単位は「ジュール」〔J〕である．1 W は 1 J の仕事量を 1 s する仕事率である．すなわち，1〔W〕= 1〔J/s〕である．

　なお，「ワット」という単位は蒸気機関の発明で有名なワット（コラム 5 を参照）の名に，「ジュール」という単位はジュール（コラム 6 を参照）の名に由来する．

　日常会話の中では「あの人はパワフルな人だ」とか，「あの人はエネルギッシュな人だ」などのように，「パワー」と「エネルギー」[5]を同じような意味で用いることが多いが，工学の世界では厳密に区別されていることに注意する．

---

5. 電気通信の世界では，伝統的に「エネルギー」を「エネルギ」のように，最後の「ー」をつけずに表記することが多い．ただし，この法則は文字数が 3 文字を超えるときに適用されるようで，「パワー」を「パワ」とは表記しない．しかしながら，本書では原語の発音に近い表記をとりたいので，「エネルギー」と表記する．もちろん，本来の発音は「エナジー」に近いが，このカタカナ表記は定着していない．

コラム 5 —— ジェームス・ワット（James Watt, 1736～1819）

ワットは，スコットランド出身の英国のエンジニア，数学者，発明家である．グラスゴー大学の機械技師職をしていたが，1774 年，ボールトンとともにボールトン・ワット社を設立し，蒸気機関の改良を行った．改良の重要な点は，調速器（governor，ガバナ）と呼ばれる，機械的な速度調整機構を考案したことである．ロンドン科学博物館に保存されているワットの蒸気機関の調速器の写真を示した．この調速器に関する研究から「制御工学」が誕生し，ワットの蒸気機関により英国の産業革命が始まった．

彼は蒸気機関の出力を示す単位として「ワット」（馬力）という単位を作った．なお，この単位が設けられたのは，ワットに対する特許料支払いの基準を作る必要があったからだといわれている．また，複写インクの発明も行うなど，ワットはさまざまな特許を取得した．

コラム6 — ジェームズ・プレスコット・ジュール（James Prescott Joule, 1818〜1889）

ジュールは英国のサルフィールドで生まれた．家業は造り酒屋で豊かであったが，彼は若いころは病弱で，家庭教師から初等教育を受けた．その後も学校教育を受けることはなかった．1840年に有名なジュールの法則を発見した．ジュールは，さまざまな仕事量に対する熱量を測定し，両者の間の関係を明らかにした．そして，一定量の仕事から一定量の熱量が発生することを見つけ，1847年に論文を発表した．しかし，彼は大学教授ではなく，家業の造り酒屋を継いでいたため，科学者たちからは注目されなかった．しかし，後に認められ，王立協会員に選ばれ，さらに英国科学振興会の会長にもなった．

エネルギーと仕事の単位を「ジュール」〔J〕とすることが1889年に決まった．また，「ジュール熱」にも彼の名が刻まれている．

電力を W と表記すると，これは次式で定義される．

❖ ポイント 1.9 ❖ 電力

電圧と電流の積を電力と呼ぶ．すなわち，

$$W = VI \ \text{〔W〕} \tag{1.39}$$

なお，電力の単位は「ワット」〔W〕である．

さて，抵抗 R に電流 I が流れる場合を想定し，式 (1.39) にオームの法則を適用すると，つぎの結果が得られる．

❖ ポイント 1.10 ❖ ジュールの法則（Joule's law）

抵抗 R に電流 I が流れた場合，抵抗では，つぎの電力が熱として消費され，これを**ジュール熱**（Joule heat）という．

$$W = VI = RI^2 \ \text{〔W〕} \tag{1.40}$$

1.6.2 効率

図 1-13 の回路について再び考えよう．前節で計算したように，抵抗 R を流れる電流 I は

$$I = \frac{E}{R+r}$$

であり，抵抗の端子間電圧 V は，

$$V = \frac{RE}{R+r}$$

である．電池からの出力電力を W_O とすると，

$$W_O = EI = \frac{E^2}{R+r} \tag{1.41}$$

が得られる．また，抵抗 R に供給される電力を W_R とすると，

$$W_R = VI = \frac{RE^2}{(R+r)^2} \tag{1.42}$$

が得られる．

以上の準備の下で，効率 η をつぎのように定義する．

❖ ポイント 1.11 ❖　効率

$$\text{効率}〔\%〕 = \frac{\text{抵抗への供給電力}}{\text{電池からの出力電力}} \times 100 \tag{1.43}$$

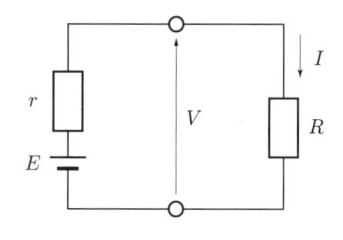

図 1-13　効率

したがって，図 1-13 の回路の場合の効率は次式のようになる．

$$\eta = \frac{W_R}{W_O} = \frac{R}{R+r} \tag{1.44}$$

さて，負荷抵抗 R を可変としたとき，この抵抗に供給される電力 W_R が最大になる条件を見つけよう．

$$W_R = VI = \frac{RE^2}{(R+r)^2} = \frac{E^2}{R + 2r + \dfrac{r^2}{R}}$$

より，W_R を最大にするためには，上式の分母を最小にすればよいので，分母を R に関して微分して 0 とおく．

$$\frac{\mathrm{d}}{\mathrm{d}R}\left(R + 2r + \frac{r^2}{R}\right) = 1 - \frac{r^2}{R^2} = 0$$

よって，$R = r$ のとき，W_R は最大になる．このとき，

$$W_O = \frac{E^2}{2r} = \frac{E^2}{2R} \tag{1.45}$$

$$W_R = \frac{E^2}{4r} = \frac{E^2}{4R} \tag{1.46}$$

となるので，効率は次式で与えられる．

$$\eta = \frac{1}{2} = 50\,[\%] \tag{1.47}$$

演習問題

1-1 下図において，AB 間，AC 間，BC 間の合成抵抗 R_{AB}, R_{AC}, R_{BC} をそれぞれ求めよ．ただし，$R_1 = 1\ [\Omega]$, $R_2 = 0.5\ [\Omega]$, $R_3 = 5\ [\Omega]$, $R_4 = 2\ [\Omega]$, $R_5 = 3\ [\Omega]$ とする．

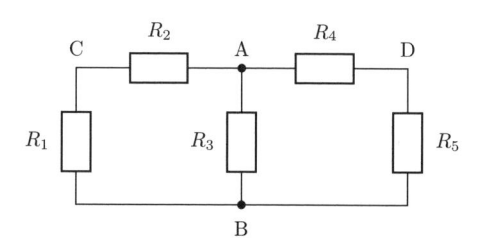

1-2 下図の AB 間の抵抗を求めよ．

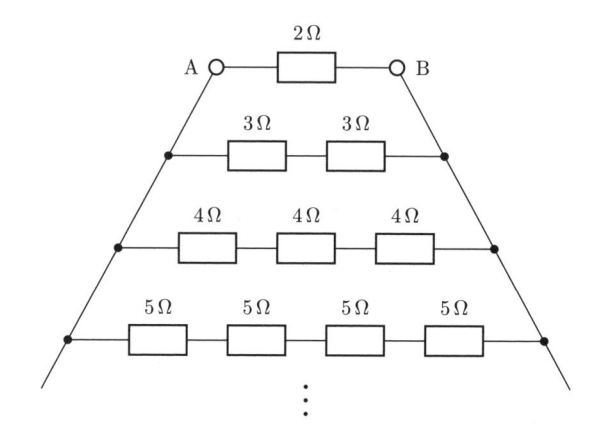

1-3 下図の回路において，AB 間に電圧 E を加えたときの電流 I を求めよ．また，$I = 0$ となる条件を求めよ．

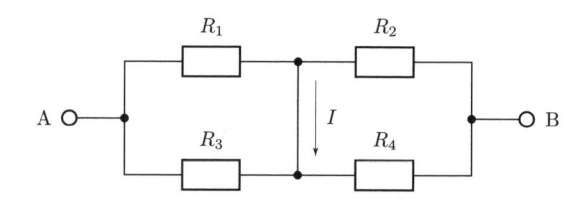

1-4 下図の (a) の回路を (b) の回路に等価変換するとき，E と r を求めよ．

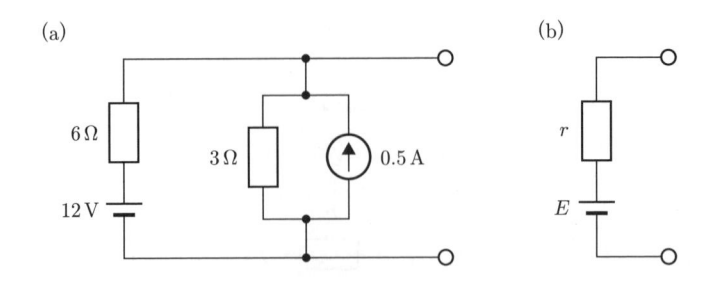

1-5 下図の回路について，以下の問いに答えよ．ただし，$R_1 = 1\,[\Omega]$，$R_2 = 4\,[\Omega]$，$R_3 = 12\,[\Omega]$，$R_4 = 2\,[\Omega]$ とする．

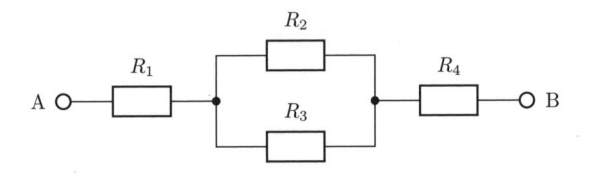

(1) AB 間の合成抵抗を求めよ．
(2) AB 間に電圧 12 V を加えた場合，各抵抗を流れる電流と各抵抗の電圧降下を求めよ．

1-6 起電力と内部抵抗の異なる 2 本の電池を下図のように並列接続したとき，AB 間の電位差を求めよ．

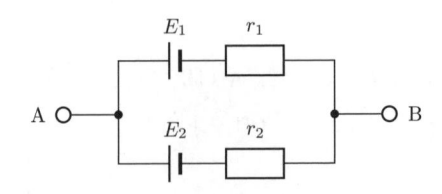

1-7 起電力と内部抵抗の異なる3本の電池を下図のように並列接続したとき，AB間の電位差を求めよ．

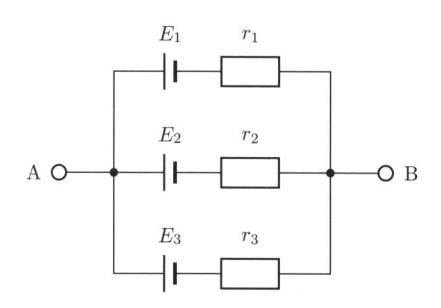

1-8 内部抵抗が r_V である電圧計と内部抵抗が r_A である電流計を用いて未知抵抗 R を測定することを考える．

(1) 下図に示すような回路を組んで電圧 E を与え，電圧計の指示 V_V と電流計の指示 I_A を読み取った．このときの R の推定値 V_V/I_A を求めよ．

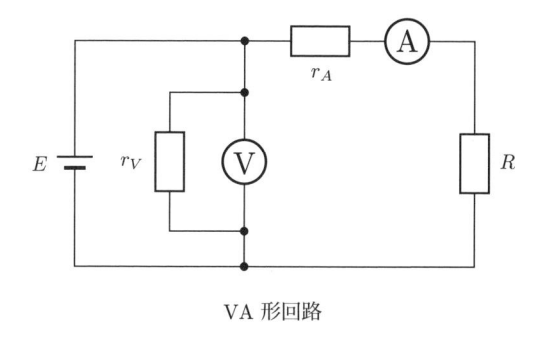

VA 形回路

(2) つぎに，下図に示すような回路を組んで測定した．このときの R の推定値 V_V/I_A を求めよ．

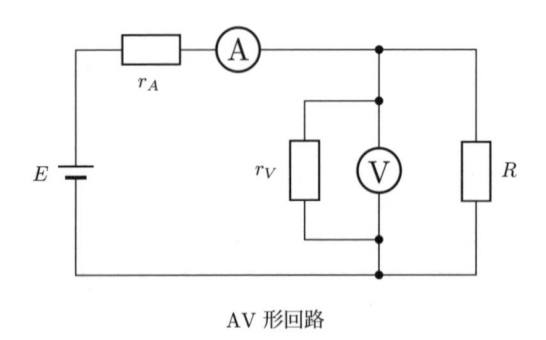

AV 形回路

(3) $R \gg r_A$ と近似できるほど R が大きい場合，および $R \ll r_V$ と近似できるほど R が小さい場合のそれぞれについて測定誤差を評価し，二つの回路の得失を述べよ．

第 2 章

基本的な交流回路の計算（I）

本章では，抵抗，インダクタ，キャパシタなどから構成される基本的な電気回路に交流電圧を印加したとき，回路に流れる電流について考える．ここでは最も一般的な正弦波交流電源を考える．正弦波交流を取り扱うため，本章で用いる数学の道具は「三角関数」である．特に，数学が苦手な読者は，三角関数と聞いただけで，できれば避けたいと思うかもしれない．苦手意識をもたずに，「三角関数というのは，このような使い道があるのか」というような気持ちで，本章を学んでいってほしい．

2.1　正弦波交流

時刻 t に関して周期的に大きさが変わる電圧や電流のことを，それぞれ**交流電圧**（alternating voltage），**交流電流**（alternating current）という．周期関数の最も基本的なものは正弦波であるが，電気の世界でも**正弦波交流**が最も基本的である．

まず，時刻 t の関数である交流電圧 $v(t)$ と交流電流 $i(t)$ の一般形を以下に与えよう．

$$v(t) = V_m \sin(\omega t + \theta) \ [\mathrm{V}] \tag{2.1}$$

$$i(t) = I_m \sin(\omega t + \varphi) \ [\mathrm{A}] \tag{2.2}$$

正弦波交流の場合，直流とは異なり，その値は時々刻々変化していることに注意する．式(2.1)の正弦波交流の波形を図2-1に示した．横軸は時間 t（単位は秒〔s〕）であり，縦軸は電圧の値（**瞬時値**（instantaneous value）という）$v(t)$ である[1]．

式(2.1)，式(2.2)において重要な用語を表2-1にまとめた．ここで，**角周波数** ω は，角速度（angular velocity）と呼ばれることもある．角周波数 ω と**周波数**（frequency）f〔Hz〕の間には，つぎの関係式が成り立つ．

$$\omega = 2\pi f \tag{2.3}$$

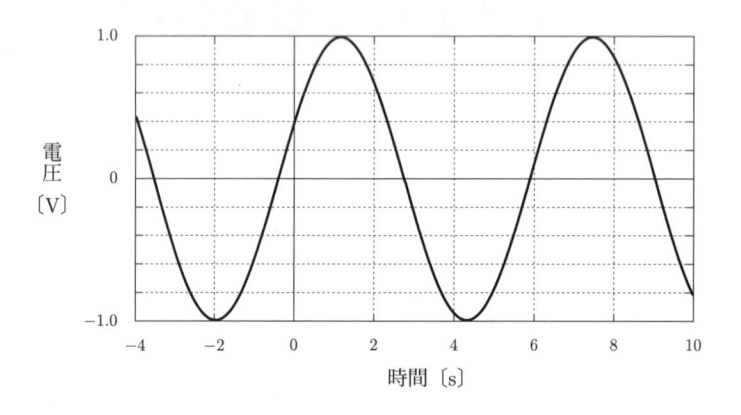

図 2-1 正弦波交流の波形

表 2-1 正弦波交流の基本的な用語

記号	単位	名　称	英文名
V_m	V	（電圧の）最大振幅	amplitude
I_m	A	（電流の）最大振幅	amplitude
ω	rad/s	角周波数	angular frequency
θ	rad	位相（角）	phase
φ	rad	位相（角）	phase

---

[1] 基本的に，本書では $v(t)$ や $i(t)$ のように小文字で瞬時値を表し，一定値の場合には大文字で V や I のように表記する．

コラム 7 — ハインリヒ・ヘルツ（Heinrich Rudolf Hertz, 1857〜1894）

ドイツ ハンブルグ出身の物理学者．キルヒホッフとヘルムホルツの指導の下，1880 年に博士号を取得．1885 年にカールスルーエ大学教授となり，1888 年に電磁波の放射の存在をはじめて実証した．

甥であるグスタフ・ヘルツは 1925 年にノーベル物理学賞を受賞，その息子である C. ヘルツは医学における超音波画像を発明した．

周波数の単位〔Hz〕（ヘルツ）は，ヘルツ（コラム 7 を参照）の名よりとられた．また，周波数 f の逆数を**周期**（period）T と呼び，その単位は「秒」〔s〕である．

$$T = \frac{1}{f} \tag{2.4}$$

たとえば，家庭用交流電源の周波数は静岡県の富士川を境にして，東日本では 50 Hz，西日本では 60 Hz であるが，これらはそれぞれ $f = 50$〔Hz〕，$f = 60$〔Hz〕と書くことができる．ここで，$f = 50$〔Hz〕とは，1 秒間に 50 周期分（すなわち，50 個の山と谷）の正弦波が含まれていることを意味する（図 2-2）．周波数が高くなればなるほど，1 秒間に含まれる正弦波の個数は増加し，電圧（そして電流）の振幅の変化は激しくなる．これは，"frequency"（周波数）の意味が「頻度，頻発」

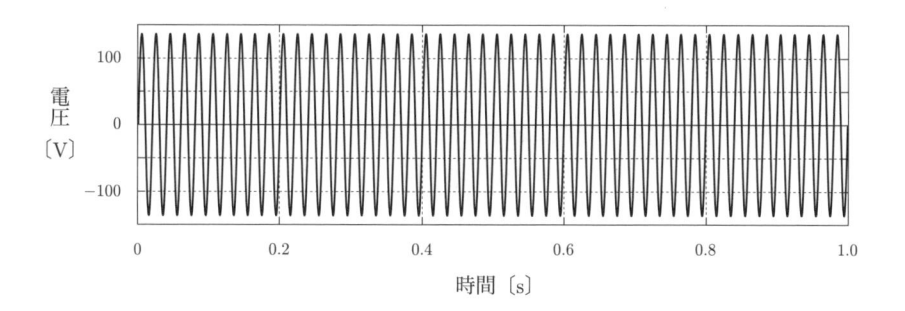

図 2-2　50 Hz の家庭用交流（東日本）

であることから明らかであろう[2].

例題 2.1

$v_1(t) = 100\sin\omega t$ と $v_2(t) = 100\sin 2\omega t$ の角周波数を求め，その波形を図示せよ．ただし，$\omega = 314$ [rad/s] とする．

解答 $v_1(t)$ の角周波数 ω_1 は 314 rad/s なので，周波数は $f_1 = 314/2\pi = 50$ [Hz] となる．よって，周期は $T_1 = 1/50 = 0.02$ [s] となる．一方，$v_2(t)$ の角周波数は 628 rad/s なので，同様の手順で周期は $T_2 = 1/100 = 0.01$ [s] となる．それぞれの波形を図 2-3 に示した．

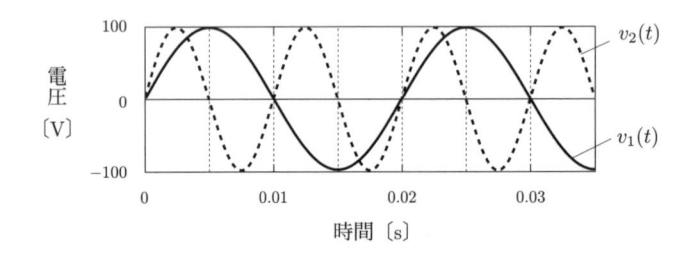

図 2-3　例題 2.1 の解答

式 (2.1)，式 (2.2) では，電圧の**位相**（phase）を θ，電流の位相を φ とおいた．これらの差である $\theta - \varphi$ を電圧と電流の**位相差**（phase difference）と呼ぶ．このとき，つぎのように場合分けして考えることができる．

❖ ポイント 2.1 ❖　位相の遅れと進み

- $\theta = \varphi$ のとき —— 電圧と電流は**同相**（same phase）である．
- $\theta > \varphi$ のとき —— 電流は電圧より $(\theta - \varphi)$ 位相が**遅れている**（lag）．
- $\theta < \varphi$ のとき —— 電圧は電流より $(\theta - \varphi)$ 位相が**進んでいる**（lead）．

---

[2]. 物理学では "frequency" は「振動数」と訳される．

交流電圧（あるいは交流電流）は時々刻々その値が変化しているので，電圧（あるいは電流）の大きさを何らかの方法で規定しなければいけない．家庭用の電圧が 100 V であることはおそらく誰でも知っているが，正弦波電圧の，どの瞬間での値が 100 V なのだろうか？

そこで，次式のように最大振幅 V_m の $1/\sqrt{2}$ 倍を**実効値**（effective value）と呼び，それを交流電圧の大きさと定義する．

$$V = \frac{1}{\sqrt{2}} V_m \approx 0.707 V_m \tag{2.5}$$

この定義の妥当性については，2.5 節の電力のところで説明するが，電気関連では，しばしばこの $1/\sqrt{2}$ という数字は登場する[3]．

例題 2.2

次式で与えられる電圧と電流の間の位相の関係を求め，それらの波形を図示せよ．

(1) $v(t) = 100 \sin\left(100\pi t + \dfrac{\pi}{3}\right)$, $\quad i(t) = 50 \sin\left(100\pi t - \dfrac{\pi}{6}\right)$

(2) $v(t) = 60 \sin\left(50\pi t + \dfrac{\pi}{6}\right)$, $\quad i(t) = 40 \cos\left(50\pi t + \dfrac{\pi}{3}\right)$

解答

(1) $\pi/3 - (-\pi/6) = \pi/2$ なので，電流は電圧より $\pi/2$ だけ位相が遅れている．このときの波形を図 2-4 に示した．

(2) $i(t) = 40\cos(50\pi t + \pi/3) = 40\sin(50\pi t + 5\pi/6)$ なので，$\pi/6 - 5\pi/6 = -2\pi/3$ となる．よって，電流は電圧より $2\pi/3$ だけ位相が進んでいる．このときの波形を図 2-5 に示した．

---

[3] 正弦波の場合には，最大振幅の $1/\sqrt{2}$ が実効値になるが，正弦波以外の周期関数の場合には，つねにそうなるとは限らないことに注意する．

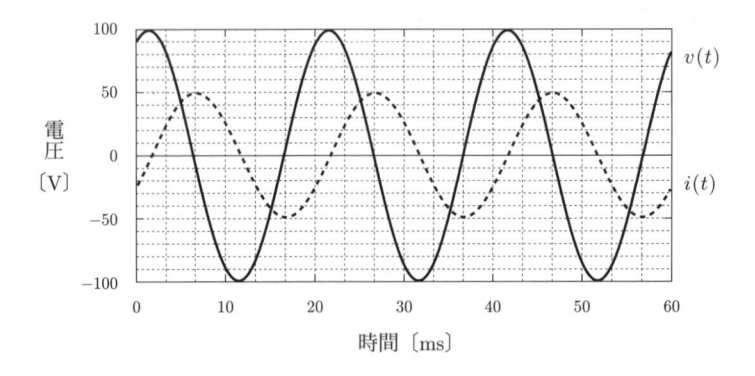

図 2-4　例題 2.2 (1) の解答

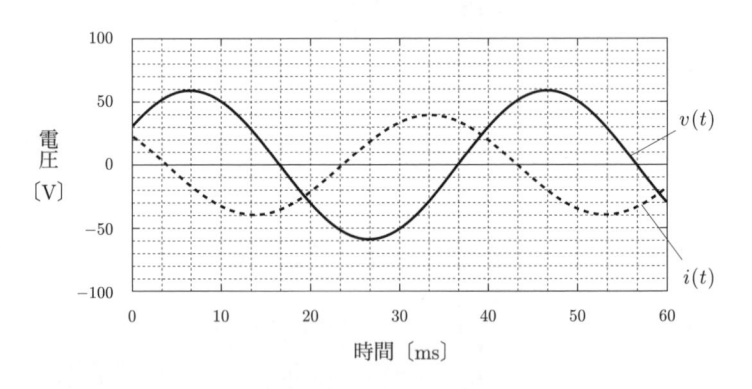

図 2-5　例題 2.2 (2) の解答

例題 2.3

次ページの図の波形について，以下の問いに答えよ．

(1) 波形 $x(t)$ の周期，周波数，角周波数，最大振幅，そして位相を求めよ．そして，$x(t)$ を表す数式を sin 関数を用いて書け．
(2) 波形 $y(t)$ についても (1) と同様のことを行え．
(3) $x(t)$ と $y(t)$ の位相の関係について述べよ．

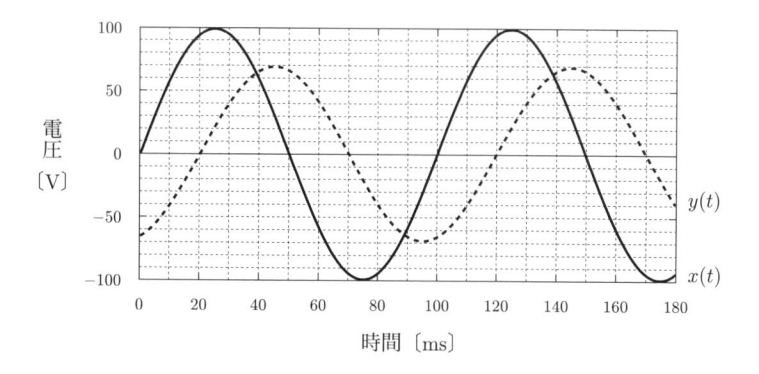

解答

(1) 図より，周期は 0.1 s, 周波数は 1/0.1 = 10 [Hz], 角周波数は 20π rad/s, 最大振幅は 100 V, 位相は 0 rad なので，次式が得られる．

$$x(t) = 100\sin 20\pi t \text{ [V]}$$

(2) 図より，周期は 0.1 s, 周波数は 1/0.1 = 10 [Hz], 角周波数は 20π rad/s で $x(t)$ と同じである．また，最大振幅は 70 V である．$y(t)$ が最初に 0 となる時刻より，位相は次式のように求められる．

$$2\pi : 0.1 = \varphi : 0.02 \longrightarrow \varphi = \frac{2\pi}{5} \text{ [rad]}$$

以上より，次式が得られる．

$$y(t) = 70\sin\left(20\pi t - \frac{2\pi}{5}\right) \text{ [V]}$$

(3) $0 - (-2\pi/5) = 2\pi/5$ より，$y(t)$ は $x(t)$ より位相が $2\pi/5$ rad 遅れている．あるいは，$x(t)$ は $y(t)$ より位相が $2\pi/5$ rad 進んでいる．

2.2　基本的な回路素子

電気回路における基本的な回路素子は，抵抗，インダクタ，そしてキャパシタである．本節では，それぞれの素子の特性について見ていこう．

2.2.1　抵抗のみの回路

第1章で説明したように，抵抗とは電流を流れにくくする回路素子であり，その単位は「オーム」〔Ω〕である．いま，図2-6に示すように抵抗 R を角周波数 ω〔rad/s〕の交流電源

$$v(t) = \sqrt{2}V \sin \omega t \tag{2.6}$$

に接続した場合について考える．ここで，位相は 0 rad とおいた．また，V は実効値である．

交流回路に対しても，直流回路のときと同様にオームの法則が成り立つので，回路を流れる電流は

$$i(t) = \frac{v(t)}{R} = \frac{\sqrt{2}V}{R} \sin \omega t \tag{2.7}$$

となる．電圧と電流の波形を図2-7に示した．式(2.6)と式(2.7)，そして図2-7から明らかなように，抵抗だけからなる回路の場合，電圧と電流に位相のずれがないので同相になる．

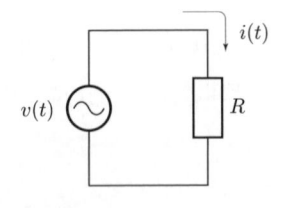

図 2-6　抵抗回路

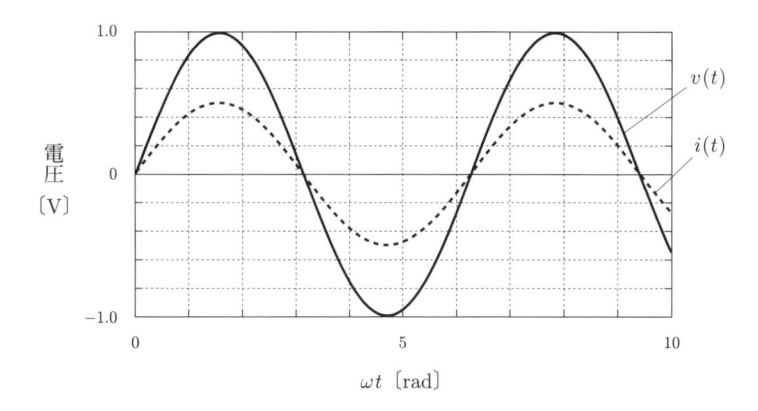

図 2-7 抵抗のみの回路の場合の正弦波電圧（実線）と正弦波電流（破線）

2.2.2 インダクタのみの回路

インダクタ（inductor, 誘導器）は**コイル**（coil）とも呼ばれ，**ファラデー**（コラム 8 を参照）の**電磁誘導の法則**（electromagnetic induction law あるいは Faraday's law）に基づいて動作する回路素子である．インダクタの誘導の大きさを**インダクタンス** L で表し，その単位は**ヘンリー**〔H〕である．なお，この単位はヘンリー（コラム 9 を参照）の名からとられた．インダクタの一例を図 2-8 に示した．

ここでは，図 2-9 に示すようにインダクタ L を交流電源

$$v(t) = \sqrt{2}V \sin \omega t \tag{2.8}$$

に接続した場合について考える．回路を流れる電流を $i(t)$ とすると，インダクタ

図 2-8 コイル（インダクタ）　　図 2-9 インダクタ回路

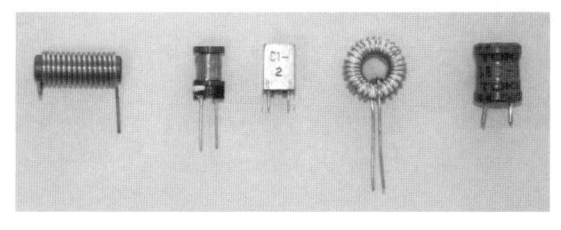

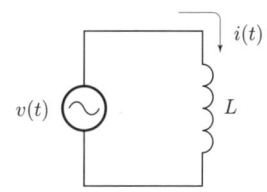

コラム 8 ── マイケル・ファラデー（Michael Faraday, 1791〜1867）

　ファラデーは，ロンドン郊外の貧しい鍛冶屋の子として生まれた．13 歳のとき製本屋に徒弟奉公に出された．製本作業中にさまざまな本を読み，しだいに科学に興味をもつようになった．王立科学研究所のデービー教授の講演を聞き，感銘を受けたファラデーは，デービー教授に手紙を送り，その結果，1813 年にデービー教授の助手になることができた．この年，ファラデーはデービー教授に連れられてドイツ，フランス，イタリアなどの大陸の旅行を開始し，それは 2 年間にわたった．その間，アンペールなどの著名な科学者に会い，学問的な刺激を受けた．この 2 年間は，ファラデーにとって大学教育を受けたことと同じであったといわれている．帰国後，彼は数年して独立して研究を始めた．

　1824 年，王立学会の会員になり，1827 年には王立研究所教授となる．このころには，機械的エネルギーを電気的エネルギーに変換させる条件は，いろいろな意味で整いつつあった．この時期にさまざまな物質について研究し，自然の運動の関連の問題に着目したのがファラデーだった．すなわち，彼は「磁気を電気に変換する」という研究課題として明確にしていたのだった．その結果，1831 年には電磁誘導現象（いわゆる，ファラデーの法則）を発見し，王立学会で発表した．

　ファラデーは，優れた研究者であったと同時に優れた教育者でもあった．彼は話が非常に上手だった．大陸各地を旅行したとき，さまざまな講演者の話し方などを克明にメモしていたそうである．このような努力の結果，難しい理論をわかりやすい言葉に翻訳する話術を身につけたようだ．

　1825 年，ファラデーは科学の普及のために，王立研究所で毎週金曜日の夕方に講演を行うことにした．この講義は実験を交えた 1 時間あまりのものだった．翌年からは，年に 1 回，クリスマスのころに講義を行った．これが有名な「クリスマス講義」である．特に，「ロウソクの科学」という講演は有名で，これは本にもなっているので，ぜひご一読をお薦めしたい．

　ファラデーの名は，静電容量の単位ファラッド〔F〕として残っている．

コラム 9 —— ジョセフ・ヘンリー（Joseph Henry, 1797〜1878）

　ヘンリーは，米国ニューヨーク州オルバニーで生まれた．オルバニー・アカデミーで学び，1824 年以降，化学や機械に関する論文を発表した．1827 年，オルバニー・アカデミー数学教授，1832 年から 1846 年にはニュージャージーカレッジ（現在のプリンストン大学）物理学教授を務めた．ヘンリーは電磁誘導に関する研究を行い，ファラデー（1834 年）より早い 1831 年に自己誘導を発見した．しかし，当時の米国はファラデーのいた英国のような研究所や研究組織がなく，学会へ報告することが遅れたため，電磁誘導の法則にヘンリーの名は残らなかった．

　ヘンリーの技術的な功績は，1834 年当時としては画期的に強力な電磁石（吸引力が約 15855 kg）を製作したことである．

　彼は 1846 年に初代スミソニアン研究所長となり，研究の第一線からは退いた．1893 年のシカゴ国際電気工学者会議で，インダクタンスの単位に「ヘンリー」を選ぶことが決定された．

　ヘンリーは，アメリカ科学振興協会（AAAS）*の創立者でもある．

　電磁誘導の創始者である米国のヘンリーと英国のファラデーは，ともに貧しい家庭に育った境遇が似ている．

---

* American Association for Advancement of Science.『ネイチャー』と並んで世界で最も権威のある学術雑誌である『サイエンス』を発行している．

に誘導される起電力 $v_L(t)$ はファラデーの法則より，

$$v_L(t) = -L\frac{\mathrm{d}i(t)}{\mathrm{d}t} \tag{2.9}$$

で与えられる．この回路にキルヒホッフの電圧則を適用すると，

$$v(t) + v_L(t) = 0$$

が得られる．これより，

$$v(t) = -v_L(t) = L\frac{\mathrm{d}i(t)}{\mathrm{d}t} \tag{2.10}$$

が得られ，両辺を積分すると，

$$\begin{aligned}
i(t) &= \frac{1}{L}\int v(t)\mathrm{d}t = \frac{1}{L}\int \sqrt{2}V\sin\omega t\,\mathrm{d}t \\
&= -\frac{\sqrt{2}V}{\omega L}\cos\omega t = \frac{\sqrt{2}V}{\omega L}\sin\left(\omega t - \frac{\pi}{2}\right)
\end{aligned} \tag{2.11}$$

となる[4]．ただし，積分定数を 0 とおいた．また，三角関数の公式

$$\cos\theta = -\sin\left(\theta - \frac{\pi}{2}\right) \tag{2.12}$$

を用いた．図 2-10 に電圧と電流の一例を図示した．この図では，横軸は ωt〔rad〕であり[5]，$v(t) = \sin\omega t$，$i(t) = 0.5\sin(\omega t - \pi/2)$ とした．

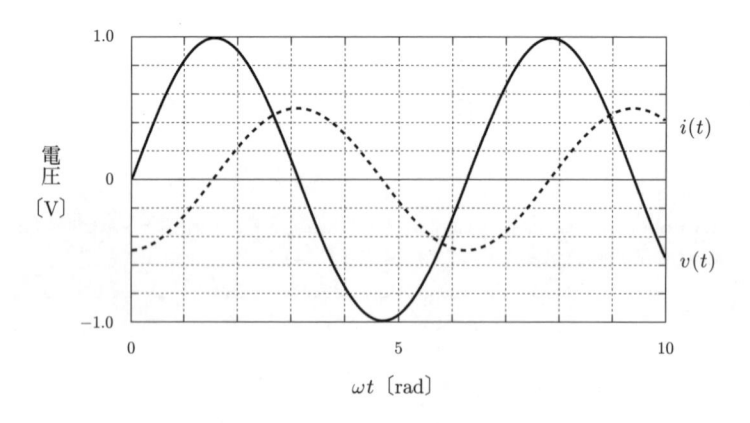

図 2-10　インダクタのみの回路の場合の正弦波電圧（実線）と正弦波電流（破線）

---

[4] 厳密には，以上のような関係式に従って理想的にふるまう素子を「インダクタ」と呼び，図 2-8 に示したような実際の素子を「コイル」と呼ぶ．しかしながら，それほど厳密に区別する必要はないだろう．

[5] 通常，横軸は時間 t〔s〕であるが，ωt のように角周波数 ω で規格化することにより，単位が $(\mathrm{rad/s})\cdot\mathrm{s} = \mathrm{rad}$ となる．このことにより，正弦波 $\sin\omega t$ の周期が $2\pi = 6.28$ に規格化される．

インダクタに印加した電圧と対応する電流をまとめると，つぎのポイントを得る．

> ❖ ポイント 2.2 ❖　　インダクタのみの回路の電圧と電流
>
> $$\text{印加電圧：} \quad v(t) = \sqrt{2}V \sin \omega t$$
> $$\text{電流：} \quad i(t) = \frac{\sqrt{2}V}{\omega L} \sin\left(\omega t - \frac{\pi}{2}\right)$$
>
> これらの式から以下のようなことがわかる．
>
> - 電流の実効値は次式で与えられる．
>
> $$I = \frac{V}{\omega L} \tag{2.13}$$
>
> - 電圧と電流の位相を比較することにより，「電流は電圧よりも位相が $\pi/2$ 遅れている」．
> - 電圧と電流は，それぞれの最大振幅（あるいは実効値）とそれぞれの位相は異なるが，同じ角周波数をもつ正弦波である．

式 (2.13) より，電圧と電流の実効値の比を計算すると，次式が得られる．

$$Z = \frac{V}{I} = \omega L \ [\Omega] \tag{2.14}$$

この Z を**インピーダンス**（impedance）と呼ぶ．インピーダンスとは，交流回路において抵抗を一般化した概念であり，その単位は抵抗と同じ「オーム」〔Ω〕である．特に，インダクタのみの場合のインピーダンス ωL のことを，**誘導リアクタンス**（inductive reactance）という[6]．

> ❖ ポイント 2.3 ❖　　インピーダンス
>
> $$\text{インピーダンス} = \frac{\text{電圧の実効値}}{\text{電流の実効値}} \tag{2.15}$$

---

[6] L の単位「ヘンリー」の次元は V·s/A であり，ω の次元は 1/s なので，ωL の次元は V/A となり，誘導リアクタンスの単位はオームになる．

式 (2.14) より，この回路のインピーダンスは，電圧源の角周波数 ω に比例することがわかる．したがって，$\omega = 0$，すなわち直流の場合には，インピーダンスは 0 となり，角周波数が増加するに従ってインピーダンスも増加し，電流は流れにくくなることがわかる．

インピーダンス Z の逆数は，**アドミタンス**（admittance）と呼ばれ，Y で表記される．この場合のアドミタンスは，式 (2.14) より，

$$Y = \frac{1}{Z} = \frac{1}{\omega L} \tag{2.16}$$

で与えられる．なお，アドミタンスの単位はコンダクタンスの単位と同じ「ジーメンス」〔S〕である．

例題 2.4

インダクタ L の両端に，下図に波形を示した正弦波電圧 $v(t)$ を印加した．このとき，以下の問いに答えよ．

(1) $v(t)$ を表す式を求めよ．
(2) インダクタに流れる瞬時電流 $i(t)$ を記述する式を求め，図中に示せ．ただし，$L = 1/(20\pi)$〔H〕とする．

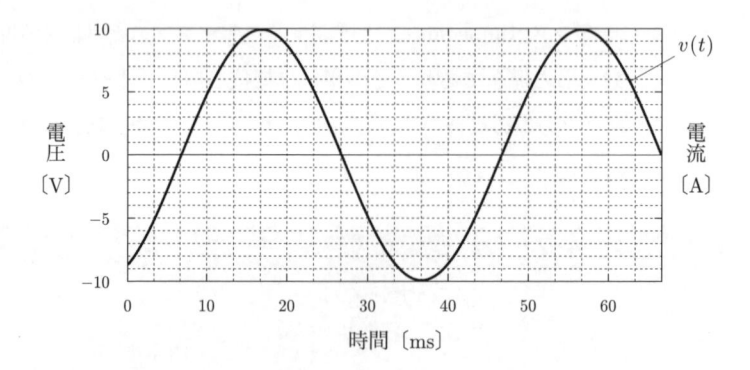

解答

(1) 図より，振幅は 10 V，周期は 40 ms，角周波数 50π rad/s，初期位相は $-\pi/3$ rad であることがわかる．よって，$v(t)$ は次式で与えられる．

$$v(t) = 10\sin\left(50\pi t - \frac{\pi}{3}\right) \ \text{[V]}$$

(2) インダクタ L の両端に交流電圧を印加したとき，L に流れる電流を $i(t)$ とおくと，誘導起電力 $v_L(t)$ は

$$v_L(t) = -L\frac{\mathrm{d}i(t)}{\mathrm{d}t}$$

となる．この回路にキルヒホッフの電圧則を適用すると，$v(t) + v_L(t) = 0$ となるので，次式が得られる．

$$\begin{aligned}
i(t) &= \frac{1}{L}\int v(t)\mathrm{d}t = 20\pi \int 10\sin\left(50\pi t - \frac{\pi}{3}\right)\mathrm{d}t \\
&= \frac{1}{50\pi}\cdot 20\pi \cdot 10 \left[-\cos\left(50\pi t - \frac{\pi}{3}\right)\right] = -4\cos\left(50\pi t - \frac{\pi}{3}\right) \\
&= 4\sin\left(50\pi t - \frac{\pi}{3} - \frac{\pi}{2}\right) = 4\sin\left(50\pi t - \frac{5\pi}{6}\right) \ \text{[A]}
\end{aligned}$$

このときの電流 $i(t)$ と電圧 $v(t)$ の波形を図 2-11 に示した．

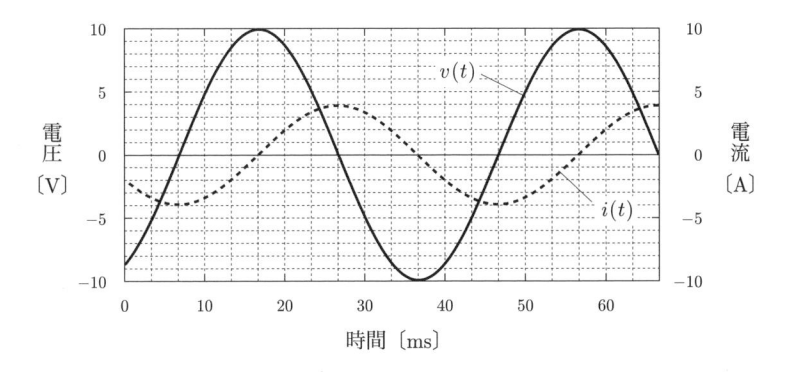

図 2-11　例題 2.4 の解答

コラム 10 ——「抵抗」と「インピーダンス」

"resistor" は「抵抗」と訳され，電気回路ではその訳が定着したが，"impedance" はたとえば「障害」とは訳されず，そのカタカナである「インピーダンス」という用語が普及した．英語が得意な読者であれば，"impede" は「邪魔をする」という意味だから，インピーダンスは邪魔をするものだな，という直観が働くだろう．たとえば，"inductor" も「誘導するもの」という意味であり，電気回路では「誘導器」と呼ばれることもあるが，「インダクタ」のほうが使われる機会が多いようである．インピーダンスの対語である「アドミタンス」にも適切な日本語訳がない．これも，"admit" の意味が「…を許す」だということを知っていれば，"admittance" の意味（電流の流れやすさ）も理解しやすいだろう．

ついでに脱線すると，最近（21 世紀になってから）大学では「アドミッションポリシー」(admission policy) というカタカナ英語がよく話題に出るが，これは「入学者受入方針」，すなわち，大学としてどのような学生に入学してほしいかという方針のことである．なぜ「入学者受入方針」という，常識ある日本人が聞いたら理解できる日本語を使わずに，「アドミッションポリシー」というカタカナ英語を使うのか，著者には理解できない．

日本人はカタカナという非常に便利な道具を発明したが，カタカナの背後にある英語（原語）の本当の意味と正しい発音を理解しておくことが重要である．特に，電気回路の用語にはカタカナが多いので，本書の読者には，カタカナではなく，その英語のスペリングを暗記し，その本当の意味を理解してほしい．

例題 2.5

次ページの図に示したように，二つのインダクタ L_1, L_2 からなる直列回路において，端子 A, B に交流電圧 $v(t) = V_m \cos \omega t$ を印加した．このとき，以下の問いに答えよ．

(1) 回路を流れる電流の瞬時値を $i(t)$ としたとき，L_1 と L_2 における電圧降下を求めよ．

(2) $i(t)$ を求めよ.

(3) この回路のインピーダンスを求めよ.

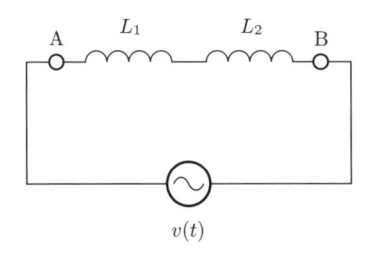

解答

(1) L_1, L_2 における電圧降下はそれぞれ次式で与えられる.

$$L_1 \frac{\mathrm{d}i(t)}{\mathrm{d}t}, \quad L_2 \frac{\mathrm{d}i(t)}{\mathrm{d}t}$$

(2) キルヒホッフの電圧則より, 次式が得られる.

$$L_1 \frac{\mathrm{d}i(t)}{\mathrm{d}t} + L_2 \frac{\mathrm{d}i(t)}{\mathrm{d}t} = v(t)$$

$$(L_1 + L_2)\frac{\mathrm{d}i(t)}{\mathrm{d}t} = V_m \cos \omega t$$

この微分方程式はつぎのように解くことができる.

$$i(t) = \frac{1}{L_1 + L_2} \int V_m \cos \omega t \, \mathrm{d}t$$

$$= \frac{V_m}{\omega(L_1 + L_2)} \sin \omega t = \frac{V_m}{\omega(L_1 + L_2)} \cos\left(\omega t - \frac{\pi}{2}\right)$$

(3) 電圧の実効値は $\dfrac{V_m}{\sqrt{2}}$, 電流の実効値は $\dfrac{V_m}{\sqrt{2}\omega(L_1 + L_2)}$ であるから, 式 (2.14) よりインピーダンスは $\omega(L_1 + L_2)$ 〔Ω〕である.

2.2.3　キャパシタのみの回路

キャパシタ（capacitor）は**コンデンサ**（condenser）とも呼ばれ，互いに絶縁された二つの導体からなる，電荷を蓄える回路素子である（図 2-12）．

ここでは，図 2-13 に示すようにキャパシタを交流電源

$$v(t) = \sqrt{2}V\sin\omega t \tag{2.17}$$

に接続した場合について考える．キャパシタに直流電圧を印加すると，電極に電荷が蓄積されるまでの**過渡状態**では回路に電流が流れるが，一定時間経過した後の**定常状態**では電流は流れない[7]．それに対して，交流電圧を印加すると，電圧が時間とともに変化するので，回路にはつねに電流が流れるようになる．このことについて，以下で確かめてみよう．

キャパシタに蓄えられる電荷を $q(t)$〔C〕（クーロン）[8]とすると，

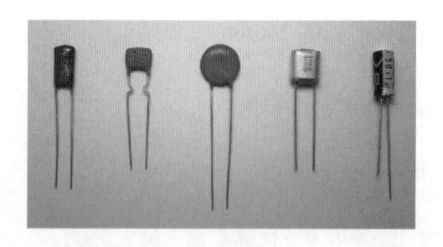

図 2-12　コンデンサ（キャパシタ）

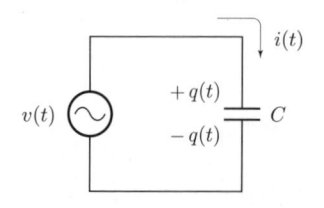

図 2-13　キャパシタ回路

---

[7]　過渡状態と定常状態については 2.3 節でも議論するが，本書では定常状態のみを取り扱う．
[8]　電荷の単位「クーロン」はクーロン（コラム 11 を参照）の名にちなんで名づけられた．

コラム 11 ── シャルル・ド・クーロン（Charles Augustin Coulomb, 1736〜1806）

　クーロンはフランスのアングレームで生まれた．彼はパリで工学を専攻し，陸軍の将校として西インド諸島で要塞建設の技術指導を行った．除隊後，勃興著しい土木事業の技術者となったが，科学的な研究も行った．堤防の水圧や摩擦係数の測定などの研究が認められ，1781 年にフランス科学院から科学院賞を受けた．

　その科学院が船舶用羅針盤の研究に賞金をかけて論文を募集したことをきっかけに，クーロンは静電気と磁気についての研究を開始した．1785 年，クーロンはねじり秤を発明し，それを用いて 2 個の帯電体に働く力を測定した．その結果，電気の引力（斥力）は，「ニュートンの逆 2 乗則」（距離 r の 2 乗に反比例すること）に従い，さらに電荷の積に比例することを明らかにした（1785 年）．これが静電気に関するクーロンの法則である．

$$F = 9 \times 10^9 \times \frac{q_1 q_2}{r^2} \,[\mathrm{N}] \quad (q_1,\ q_2：電荷量)$$

　同様の結果は英国のヘンリー・キャベンディッシュ（1731〜1810）も研究していたが，彼の人間嫌いの性格からほとんどの成果は発表されなかった．1874 年，キャベンディッシュの家系のデボンシャー・キャベンディッシュの寄付により，英国のケンブリッジ大学にキャベンディッシュ研究所ができた．その研究所の実験物理学初代教授に就任したマックスウェルが，キャベンディッシュの遺稿を整理出版して，ようやくキャベンディッシュの研究が広く知られるようになった．実は，クーロンよりも早くキャベンディッシュが，いわゆるクーロンの法則を発見していたことがわかった．しかし，キャベンディッシュは公表しなかったので，彼の名前がついた法則にならなかったことは仕方のないことだろう．

ヘンリー・キャベンディッシュ

が成り立つ．ただし，C はキャパシタンス（静電容量）と呼ばれ，その単位は**ファラッド** 〔F〕[9]である．

$$q(t) = Cv(t) \tag{2.18}$$

回路に流れる電流 $i(t)$ は，電荷の時間微分で与えられるので，

$$i(t) = \frac{dq(t)}{dt} = C\frac{dv(t)}{dt} \tag{2.19}$$

が得られる．式 (2.19) に式 (2.17) を代入すると，

$$i(t) = \sqrt{2}\omega CV\cos\omega t = \sqrt{2}\omega CV\sin\left(\omega t + \frac{\pi}{2}\right) \tag{2.20}$$

となる[10]．ここで，三角関数の公式

$$\cos\theta = \sin\left(\theta + \frac{\pi}{2}\right) \tag{2.21}$$

を用いた．図 2-14 に電圧と電流の一例を図示した．この図では，横軸は ωt であり，$v(t) = \sin\omega t$，$i(t) = 2\sin(\omega t + \pi/2)$ とした．

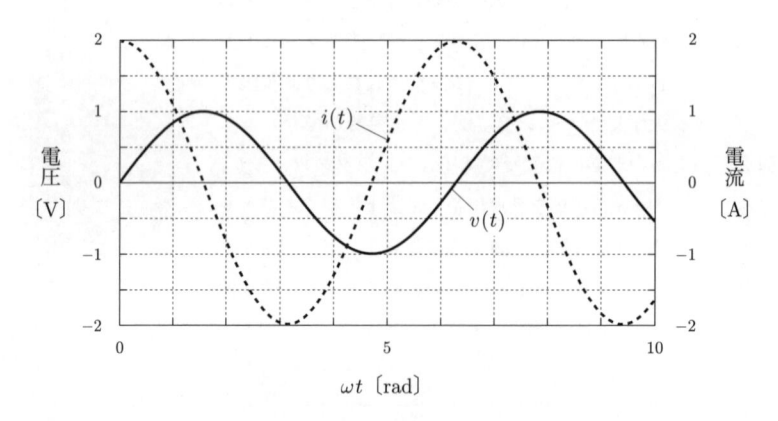

図 2-14 キャパシタンスのみの回路の場合の正弦波電圧（実線）と正弦波電流（破線）

---

[9]. 静電容量の単位「ファラッド」はファラデーの名からとられた．
[10]. 厳密には，以上のような関係式に従って理想的にふるまう素子を「キャパシタ」と呼び，図 2-12 に示したような実際の素子を「コンデンサ」と呼ぶ．

キャパシタに印加した電圧と対応する電流をまとめると，つぎのポイントを得る．

♣ ポイント 2.4 ♣　キャパシタのみの回路の電圧と電流

印加電圧：　$v(t) = \sqrt{2}V \sin \omega t$　　　　　　　　　　　(2.22)

電流：　$i(t) = \sqrt{2}\omega CV \sin\left(\omega t + \dfrac{\pi}{2}\right)$　　　　(2.23)

これらの式と図 2-14 から以下のようなことがわかる．

- キャパシタは交流電流を通す！
- 電圧と電流の位相を比較することにより，「電流は電圧よりも位相が $\pi/2$ 進んでいる」．
- 電流の実効値は次式で与えられる．

$$I = \omega CV \tag{2.24}$$

- 回路のインピーダンスは，

$$Z = \frac{1}{\omega C} \; [\Omega] \tag{2.25}$$

で与えられる．特に，キャパシタンスのみの場合のインピーダンス $1/\omega C$ のことを，**容量リアクタンス**（capacitive reactance）といい，その単位はオームである[*]．

---

[*] C の単位「ファラッド」の次元は C/V（クーロン/ボルト），すなわち，A·s/V であり，ω の次元は 1/s なので，$1/\omega C$ の次元は V/A となり，単位はオームになる．

式 (2.25) より，この回路のインピーダンスは，電圧源の角周波数 ω に反比例することがわかる．したがって，$\omega = 0$，すなわち直流の場合には，インピーダンスは無限大になる．これは，直流の場合には，キャパシタ回路には電流が流れなかった事実と一致する．逆に，角周波数が増加するに従ってインピーダンスも減少し，電流は流れやすくなる．

例題 2.6

キャパシタ C の両端に,下図に波形を示した正弦波電圧 $v(t)$ を印加した.このとき,C に流れる瞬時電流 $i(t)$ を記述する式を求め,図中に示せ.ただし,$C = 3/(5\pi)$ 〔μF〕とする.

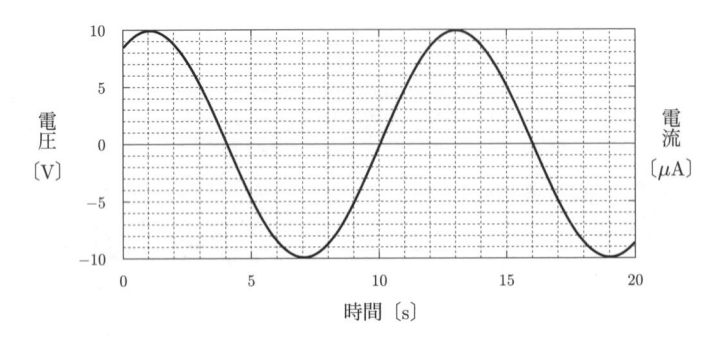

解答

まず,正弦波電圧 $v(t)$ は

$$v(t) = 10\sin\left(\frac{\pi}{6}t + \frac{\pi}{3}\right) \text{〔V〕}$$

で与えられる.つぎに,キャパシタに流れる電流 $i(t)$ は次式のように計算できる.

$$i(t) = C\frac{dv(t)}{dt} = \frac{3}{5\pi} \times 10^{-6} \frac{d}{dt}\left[10\sin\left(\frac{\pi}{6}t + \frac{\pi}{3}\right)\right]$$

$$= 1 \times 10^{-6} \sin\left(\frac{\pi}{6}t + \frac{5\pi}{6}\right) \text{〔A〕}$$

このときの電流 $i(t)$ と電圧 $v(t)$ の波形を図 2-15 に示した.

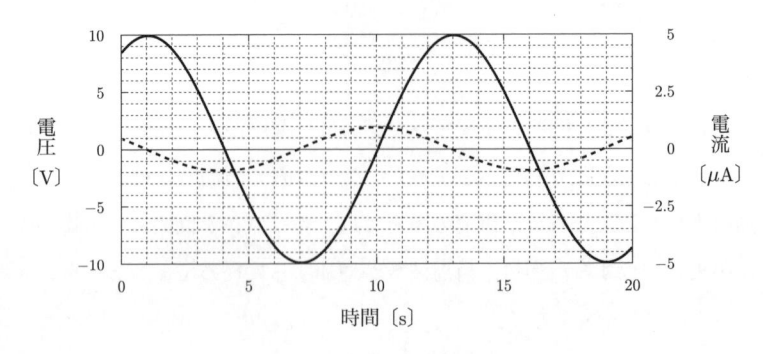

図 2-15 例題 2.6 の解答

例題 2.7

下図に示したように，二つのキャパシタ C_1, C_2 からなる並列回路において，端子 A, B に交流電圧 $v(t) = V_m \sin \omega t$ を印加した．このとき，以下の問いに答えよ．

(1) C_1, C_2 のそれぞれに流れる電流 $i_1(t)$, $i_2(t)$ を求めよ．
(2) 端子 A, B 間を流れる全電流 $i(t)$ を求めよ．
(3) 端子電圧の実効値 V と全電流の実効値 I を，V_m, ω, C_1, C_2 を用いて表せ．
(4) この回路のインピーダンスを求めよ．

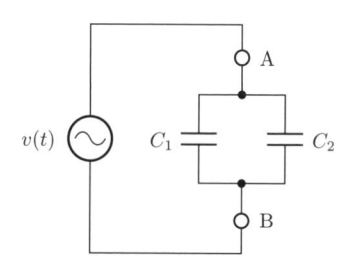

解答

(1) それぞれ次式で与えられる．

$$i_1(t) = C_1 \frac{\mathrm{d}v(t)}{\mathrm{d}t}, \quad i_2(t) = C_2 \frac{\mathrm{d}v(t)}{\mathrm{d}t}$$

(2) 全電流はつぎのように計算できる．

$$i(t) = i_1(t) + i_2(t) = (C_1 + C_2)\frac{\mathrm{d}v(t)}{\mathrm{d}t}$$
$$= \omega(C_1 + C_2)V_m \cos \omega t = \omega(C_1 + C_2)V_m \sin\left(\omega t + \frac{\pi}{2}\right)$$

(3) 実効値 V と I は，それぞれつぎのようになる．

$$V = \frac{V_m}{\sqrt{2}}, \quad I = \frac{\omega(C_1 + C_2)V_m}{\sqrt{2}}$$

(4) 式 (2.14) よりインピーダンスは V/I であるから，計算すると次式のようになる．

$$\frac{1}{\omega(C_1+C_2)}$$

2.3 基本的な直列回路の計算

2.3.1 RL 直列回路

図 2-16 の電気回路について考える．この回路は，抵抗 R とインダクタ L が直列に接続されているので，**RL 直列回路**と呼ばれる．回路を流れる電流を $i(t)$ とすると，キルヒホッフの電圧則よりつぎの回路方程式が得られる．

$$Ri(t) + L\frac{\mathrm{d}i(t)}{\mathrm{d}t} = v(t) \tag{2.26}$$

いま，前節と同様に，電圧源として角周波数 ω〔rad/s〕，実効値 V〔V〕の正弦波交流

$$v(t) = \sqrt{2}V\sin\omega t \tag{2.27}$$

を印加すると，式 (2.26)，式 (2.27) より，次式が得られる．

$$Ri(t) + L\frac{\mathrm{d}i(t)}{\mathrm{d}t} = \sqrt{2}V\sin\omega t \tag{2.28}$$

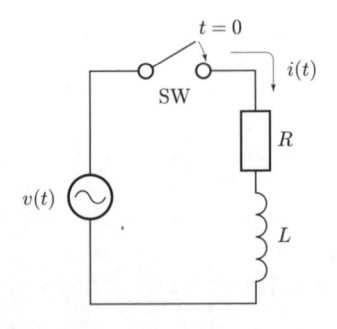

図 2-16　RL 直列回路

コラム 12 ── 抵抗, コイル, コンデンサの大きさは？

これまで, 電圧は「ボルト」〔V〕, 電流は「アンペア」〔A〕, 電力は「ワット」〔W〕, 抵抗は「オーム」〔Ω〕, インダクタンスは「ヘンリー」〔H〕, キャパシタンスは「ファラッド」〔F〕を用いてきた.

100 V や 1 A や 100 W という表現は, 日常生活でも聞くことがあるが, そのほかの量の大きさはどのようなものなのだろうか？ たとえば, 抵抗値としては, 100 Ω や 1 kΩ, そして 1 MΩ など, さまざまな値が存在する. ここで, 「キロ」〔k〕は 10^3 倍, 「メガ」〔M〕は 10^6 倍を表す. さらに, その上には, 「ギガ」〔G〕(10^9 倍), 「テラ」〔T〕(10^{12} 倍) などが存在するが, 抵抗値を表すときに利用されることはほとんどない. ハードディスクのような記憶媒体の容量を表すとき, 1 GB (ギガバイト) や 1 TB (テラバイト) などが使われる. 実際の抵抗には「カラーコード」という線がついており, それを読むことによって抵抗値と誤差がわかるようになっている. これについては, コラム 13 にまとめた.

つぎに, コイルの大きさは, 用途にも依存するが, たとえば 47 μH のように, 「マイクロ」〔μ〕(10^{-6} 倍) ヘンリーがよく使われる. 場合によっては「ナノ」〔n〕(10^{-9} 倍) の大きさも利用される.

最後に, コンデンサでは, μF から nF, そして pF (「ピコ」〔p〕は 10^{-12} 倍を表す) の大きさのものが利用される.

SI 単位系 (The International System of Units, 国際単位系) において, 非常に大きな数や, 逆に非常に小さな数を表現するために, SI 単位の前に接頭辞をつけることがよくあり, それを「SI 接頭辞」という. このコラムで紹介したキロ, メガなど以外にもさまざまなものがあり, $10^{-21} \sim 10^{24}$ の接頭辞を下表にまとめた.

SI 接頭辞

値	接頭辞	記号	値	接頭辞	記号
10^{24}	ヨタ (yotta)	Y	10^0	なし	なし
10^{21}	ゼタ (zetta)	Z	10^{-1}	デシ (deci)	d
10^{18}	エクサ (exa)	E	10^{-2}	センチ (centi)	c
10^{15}	ペタ (peta)	P	10^{-3}	ミリ (milli)	m
10^{12}	テラ (tera)	T	10^{-6}	マイクロ (micro)	μ
10^9	ギガ (giga)	G	10^{-9}	ナノ (nano)	n
10^6	メガ (mega)	M	10^{-12}	ピコ (pico)	p
10^3	キロ (kilo)	k	10^{-15}	フェムト (femto)	f
10^2	ヘクト (hecto)	h	10^{-18}	アト (atto)	a
10^1	デカ (deca, deka)	da	10^{-21}	ゼプト (zepto)	z

式 (2.28) は 1 階微分方程式なので，大学 1 年生レベルの数学で学んできたようにさまざまな解法が存在する．

$t = 0$ において図 2-16 の回路のスイッチを閉じた後の電流の一例を図 2-17 に示した．スイッチを閉じた直後は**過渡状態**（transient）という変化のある状態になるが，十分時間が経過すると（この図では約 4 秒後），**定常状態**（steady-state）と呼ばれる落ち着いた状態に達する．過渡状態での解析は本書の範囲を超えるので，ここでは定常状態における電流を求める問題を考えよう[11]．

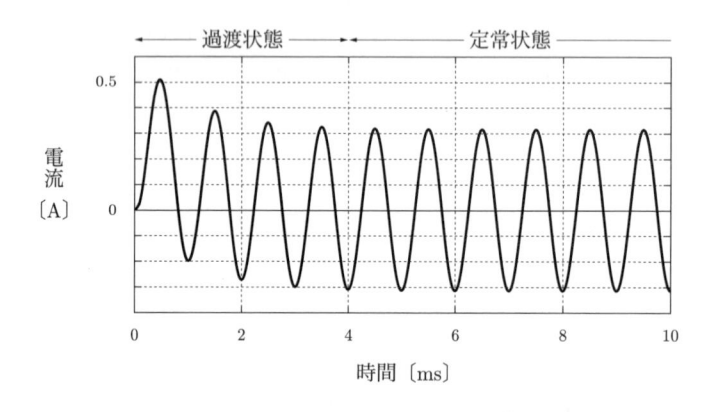

図 2-17　RL 回路の過渡状態と定常状態

さて，RL 回路のような本書で考えている電気回路は**線形回路**（linear circuit）なので，つぎにまとめる周波数応答の原理が成り立つ．

> ✣ ポイント 2.5 ✣　　周波数応答の原理
>
> 線形回路に正弦波交流電圧を印加すると，定常状態において，回路を流れる電流は印加電圧と同じ角周波数をもつ正弦波になる．ただし，その振幅と位相は，正弦波の角周波数に依存して，印加電圧とは異なる．

---

[11]. 前節で説明したインダクタのみ，あるいはキャパシタのみの回路の場合においても過渡状態は存在していたのだが，暗黙のうちに定常解析を仮定していた．

コラム 13 —— 抵抗のカラーコード

　回路素子の抵抗といえば，長さ 1 cm 程度で細長く，両端からリード線が出ているのがおなじみの形である．携帯電話などの，高密度に実装する必要がある最近の電子機器ではあまり用いられなくなったが，電気・電子工学の実験の現場ではまだまだ現役で活躍しており，読者も今後目にする機会があるだろう．

　最もポピュラーな形状の炭素皮膜抵抗は，表面に「カラーコード」と呼ばれる色の帯がついており，その色の組み合わせから抵抗値がわかるようになっている．帯は 4 本から 6 本で構成されており，端から順に読む．最初の 2 本から 4 本の帯は数値を，次の 1 本は指数を，最後の 1 本は誤差を表す．

　図の例を見てみよう．これは帯が 4 本の抵抗の例である．カラーコードの表に従って読むと，最初は茶 (1)，黒 (0) なので数値は 10，次は緑 (5) なので 10^5 となる．最後の色は金 (±5 %) のものが多い．これらから，図の抵抗の値は

$$10 \times 10^5 \,[\Omega] = 1.0 \times 10^6 \,[\Omega] = 1.0 \,[M\Omega] \pm 5 \,[\%]$$

となる．

カラーコード

黒	茶	赤	橙	黄	緑	青	紫	灰	白
0	1	2	3	4	5	6	7	8	9

これは前節ですでに見てきた事実である．

ここでは，周波数応答の原理を用いて，定常状態における電流（**定常電流**と略す）を次式のようにおく．

$$i(t) = \sqrt{2}I\sin(\omega t + \theta) \tag{2.29}$$

式 (2.29) を式 (2.28) に代入すると，つぎのようになる．

$$\sqrt{2}RI\sin(\omega t + \theta) + \sqrt{2}\omega LI\cos(\omega t + \theta) = \sqrt{2}V\sin\omega t$$
$$I\left[R\sin(\omega t + \theta) + \omega L\cos(\omega t + \theta)\right] = V\sin\omega t \tag{2.30}$$

ここで，つぎの三角関数の公式を思い出そう．

❖ ポイント 2.6 ❖　　三角関数の合成定理

$$a\cos\phi + b\sin\phi = \sqrt{a^2 + b^2}\sin(\phi + \alpha) \tag{2.31}$$

ただし，

$$\cos\alpha = \frac{b}{\sqrt{a^2 + b^2}}, \quad \sin\alpha = \frac{a}{\sqrt{a^2 + b^2}} \tag{2.32}$$

とおいた．あるいは，次式が成り立つ．

$$\alpha = \arctan\left(\frac{a}{b}\right) \tag{2.33}$$

式 (2.30) の左辺にこの合成定理を適用すると，次式を得る．

$$I\sqrt{R^2 + (\omega L)^2}\sin\left(\omega t + \theta + \arctan\left(\frac{\omega L}{R}\right)\right) = V\sin\omega t \tag{2.34}$$

この式において，振幅と位相を比較することにより，つぎの式が得られる．

$$I\sqrt{R^2 + (\omega L)^2} = V \tag{2.35}$$

$$\theta + \arctan\left(\frac{\omega L}{R}\right) = 0 \tag{2.36}$$

したがって,

$$I = \frac{V}{\sqrt{R^2 + (\omega L)^2}} \tag{2.37}$$

$$\theta = -\arctan\left(\frac{\omega L}{R}\right) \quad \text{あるいは} \quad \tan\theta = -\frac{\omega L}{R} \tag{2.38}$$

式 (2.37) と式 (2.38) を式 (2.29) に代入すると,電流 $i(t)$ は次式のようになる.

$$i(t) = \frac{\sqrt{2}V}{\sqrt{R^2 + (\omega L)^2}} \sin\left(\omega t - \arctan\left(\frac{\omega L}{R}\right)\right) \tag{2.39}$$

また,式 (2.37) より,RL 直列回路のインピーダンス Z は,次式のようになる.

$$Z = \frac{V}{I} = \sqrt{R^2 + (\omega L)^2} \tag{2.40}$$

例題 2.8

$R = 10$〔Ω〕の抵抗と $L = \sqrt{3}/2\pi$〔H〕のインダクタを直列接続した回路に交流電圧 $v(t) = 200\sqrt{2}\sin 20\pi t$〔V〕を印加したとき,つぎの問いに答えよ.

(1) 流れる電流の瞬時値 $i(t)$ を求めよ.
(2) 抵抗とインダクタの両端の電圧の瞬時値を求めよ.
(3) $v(t)$ と $i(t)$ の図を描け.

解答

(1) リアクタンスは $\omega L = 10\sqrt{3}$ なので,電流の実効値は,

$$I = \frac{200}{\sqrt{10^2 + (10\sqrt{3})^2}} = 10$$

となる.また,位相は,

$$\phi = \arctan\frac{10\sqrt{3}}{10} = \arctan\sqrt{3} = \frac{\pi}{3}$$

となるので,電流の瞬時値は次式となる.

$$i(t) = 10\sqrt{2}\sin\left(20\pi t - \frac{\pi}{3}\right) \text{〔A〕}$$

(2) 抵抗の両端の電圧を $v_R(t)$, インダクタの両端の電圧を $v_L(t)$ とすると, それらはつぎのように計算できる.

$$v_R(t) = Ri(t) = 100\sqrt{2}\sin\left(20\pi t - \frac{\pi}{3}\right) \text{ [V]}$$

$$v_L(t) = L\frac{\mathrm{d}i(t)}{\mathrm{d}t} = 100\sqrt{6}\sin\left(20\pi t - \frac{\pi}{3} + \frac{\pi}{2}\right)$$

$$= 100\sqrt{6}\sin\left(20\pi t + \frac{5\pi}{6}\right) \text{ [V]}$$

(3) $v(t)$ と $i(t)$ を図 2-18 に示した.

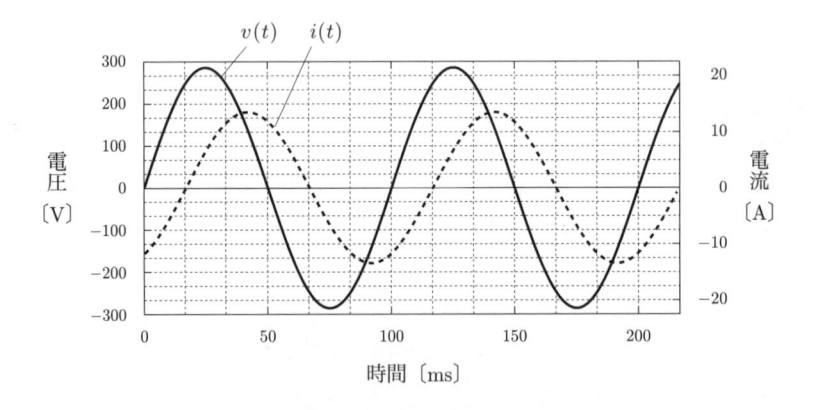

図 2-18　例題 2.8 の解答

2.3.2　RC 直列回路

図 2-19 の電気回路を考える. この回路は, 抵抗 R とキャパシタ C が直列に接続されているので, **RC 直列回路**と呼ばれる. 回路を流れる電流を $i(t)$ とすると, キルヒホッフの電圧則よりつぎの回路方程式が得られる.

$$Ri(t) + \frac{1}{C}\int i(t)\mathrm{d}t = v(t) \tag{2.41}$$

前節と同様に, 電圧源として角周波数 ω [rad/s], 実効値 V [V] の正弦波交流

$$v(t) = \sqrt{2}V\sin\omega t \tag{2.42}$$

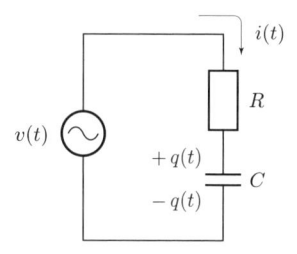

図 2-19 RC 直列回路

を印加すると，つぎの回路方程式を得る．

$$Ri(t) + \frac{1}{C}\int i(t)\mathrm{d}t = \sqrt{2}V\sin\omega t \tag{2.43}$$

前項と同様に，定常電流を

$$i(t) = \sqrt{2}I\sin(\omega t + \theta) \tag{2.44}$$

とおくと，式 (2.43) はつぎのようになる．

$$I\left[R\sin(\omega t + \theta) - \frac{1}{\omega C}\cos(\omega t + \theta)\right] = V\sin\omega t \tag{2.45}$$

この式の左辺の大かっこ内に三角関数の合成定理を適用すると，次式を得る．

$$I\sqrt{R^2 + \left(\frac{1}{\omega C}\right)^2}\sin\left(\omega t + \theta - \arctan\frac{1}{\omega RC}\right) = V\sin\omega t \tag{2.46}$$

これより，つぎの式を得る．

$$I = \frac{V}{\sqrt{R^2 + \left(\frac{1}{\omega C}\right)^2}} \tag{2.47}$$

$$\theta = \arctan\frac{1}{\omega RC} \tag{2.48}$$

したがって，定常電流はつぎのようになる．

$$i(t) = \frac{\sqrt{2}V}{\sqrt{R^2 + \left(\frac{1}{\omega C}\right)^2}}\sin\left(\omega t + \arctan\left(\frac{1}{\omega RC}\right)\right) \tag{2.49}$$

式 (2.47) より，この RC 直列回路のインピーダンスは，次式となる．

$$Z = \frac{V}{I} = \sqrt{R^2 + \left(\frac{1}{\omega C}\right)^2} \tag{2.50}$$

例題 2.9

$R = 2$ 〔kΩ〕の抵抗と $C = 5/\pi$ 〔μF〕のキャパシタを直列接続した回路に交流電圧 $v(t) = 200\sqrt{2}\sin\omega t$ 〔V〕を印加したとき，つぎの問いに答えよ．ただし，電圧の周波数を 50 Hz とする．

(1) 流れる電流の瞬時値 $i(t)$ を求めよ．
(2) このとき，電流は電圧に対して，位相がどれだけ進んでいるか，あるいは遅れているか．
(3) 抵抗とキャパシタの両端の電圧の瞬時値を求めよ．
(4) $v(t)$ と $i(t)$ の図を描け．

解答

(1) 角周波数は $\omega = 2\pi f = 100\pi$ なので，リアクタンスは $1/\omega C = 2000$ となる．よって，電流の実効値は，

$$I = \frac{200}{\sqrt{2000^2 + (2000)^2}} = \frac{0.1}{\sqrt{2}} \approx 0.0707$$

となる．また，初期位相は，

$$\phi = \arctan\frac{1}{\omega C R} = \arctan 1 = \frac{\pi}{4}$$

となるので，電流の瞬時値は次式となる．

$$i(t) = 0.1\sin\left(\omega t + \frac{\pi}{4}\right) \text{〔A〕}$$

(2) (1) の結果から明らかなように，電流のほうが電圧より位相が $\pi/4$ 進んでいる．

(3) 抵抗の両端の電圧を $v_R(t)$，キャパシタの両端の電圧を $v_C(t)$ とすると，それらはつぎのように計算できる．

$$v_R(t) = Ri(t) = 200\sin\left(\omega t + \frac{\pi}{4}\right) \text{ [V]}$$

$$v_C(t) = \frac{1}{C}\int i(t)\mathrm{d}t = -\frac{1}{\omega C}\cos\left(\omega t + \frac{\pi}{4}\right)$$
$$= 200\sqrt{6}\sin\left(\omega t - \frac{\pi}{4}\right) \text{ [V]}$$

(4) $v(t)$ と $i(t)$ を図 2-20 に示す．

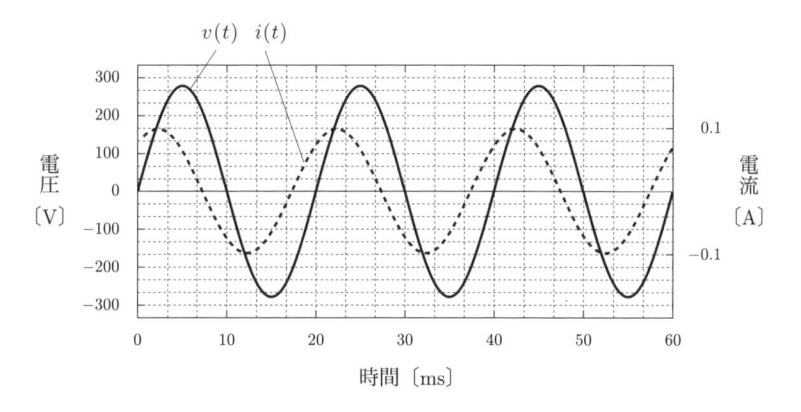

図 2-20　例題 2.9 の解答

2.3.3　RLC 直列回路

図 2-21 の電気回路を考える．この回路は **RLC 直列回路**と呼ばれる．これまでと同様に正弦波交流を印加し，回路を流れる電流を $i(t)$ とすると，つぎの回路方程式が得られる．

$$Ri(t) + L\frac{\mathrm{d}i(t)}{\mathrm{d}t} + \frac{1}{C}\int i(t)\mathrm{d}t = \sqrt{2}V\sin\omega t \tag{2.51}$$

過渡状態と定常状態の違いが顕著に現れる例を図 2-22 に示した．この図では，最初の約 0.1 秒程度が過渡状態で，その後，定常状態に移行している．

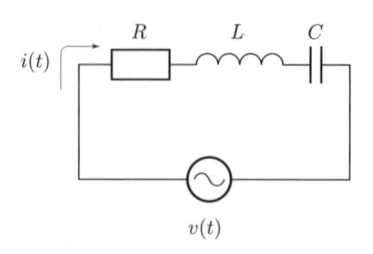

図 2-21　RLC 直列回路

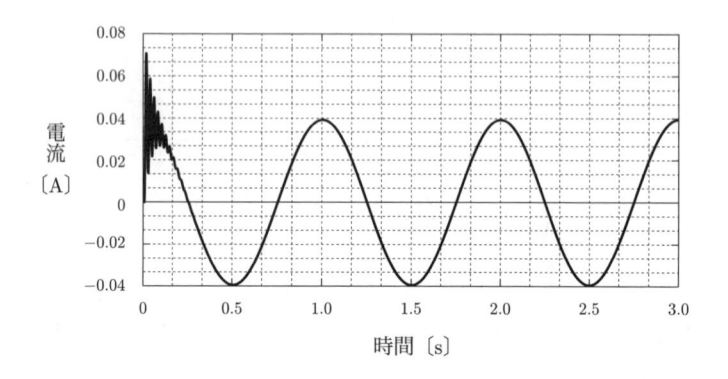

図 2-22　RLC 回路の過渡状態と定常状態（回路を流れる電流の時間変化）

定常電流を

$$i(t) = \sqrt{2}I\sin(\omega t + \theta) \tag{2.52}$$

とおくと，式 (2.51) はつぎのようになる．

$$I\left\{R\sin(\omega t + \theta) + \left(\omega L - \frac{1}{\omega C}\right)\cos(\omega t + \theta)\right\} = V\sin\omega t$$

$$I\sqrt{R^2 + \left(\omega L - \frac{1}{\omega C}\right)^2}\sin\left(\omega t + \theta + \arctan\frac{\omega L - \frac{1}{\omega C}}{R}\right) = V\sin\omega t \tag{2.53}$$

これより，つぎの式を得る．

$$I = \frac{V}{\sqrt{R^2 + \left(\omega L - \dfrac{1}{\omega C}\right)^2}} \tag{2.54}$$

$$\theta = -\arctan \frac{\omega L - \dfrac{1}{\omega C}}{R} \tag{2.55}$$

したがって，定常電流はつぎのようになる．

$$i(t) = \frac{\sqrt{2}V}{\sqrt{R^2 + \left(\omega L - \dfrac{1}{\omega C}\right)^2}} \sin\left(\omega t - \arctan\left(\frac{\omega L - \dfrac{1}{\omega C}}{R}\right)\right) \tag{2.56}$$

式 (2.54) より，つぎのポイントを得る．

❖ ポイント 2.7 ❖　RLC 直列回路のインピーダンス

$$Z = \frac{V}{I} = \sqrt{R^2 + \left(\omega L - \frac{1}{\omega C}\right)^2} \tag{2.57}$$

これは，R のみ，L のみ，C のみ，RL 直列回路，RC 直列回路のすべてを特殊な場合として含む一般的な式である．

例題 2.10

$R = 200$ 〔Ω〕の抵抗，$L = 0.1$ 〔H〕のインダクタ，$C = 5$ 〔μF〕のキャパシタを直列接続した RLC 回路に交流電圧 $v(t) = 100\sqrt{2}\sin 1000t$ 〔V〕を印加した．このときの回路のインピーダンスを計算せよ．

解答　$\omega = 1000$ 〔rad/s〕なので，インピーダンスは次式のように計算できる．

$$Z = \sqrt{R^2 + \left(\omega L - \frac{1}{\omega C}\right)^2}$$

$$= \sqrt{200^2 + \left(1000 \times 0.1 - \frac{1}{1000 \times 5 \times 10^{-6}}\right)^2}$$

$$= \sqrt{50000} \approx 223.6 \text{ 〔Ω〕}$$

2.4 基本的な並列回路の計算

2.4.1 RL 並列回路

図 2-23 の電気回路を考える．この回路は抵抗 R と インダクタ L が並列に接続されているので，RL 並列回路と呼ばれる．前節と同様に，交流電圧

$$v(t) = \sqrt{2}V \sin \omega t \tag{2.58}$$

を印加し，回路を流れる電流を $i(t)$，抵抗を流れる電流を $i_R(t)$，インダクタを流れる電流を $i_L(t)$ とすると，キルヒホッフの電流則よりつぎの回路方程式が得られる．

$$i(t) = i_R(t) + i_L(t) = \frac{v(t)}{R} + \frac{1}{L} \int v(t) \mathrm{d}t \tag{2.59}$$

式 (2.59) に式 (2.58) を代入すると，定常電流はつぎのようになる．

$$\begin{aligned} i(t) &= \frac{\sqrt{2}V}{R} \sin \omega t + \frac{\sqrt{2}V}{L} \int \sin \omega t \mathrm{d}t \\ &= \frac{\sqrt{2}V}{R} \sin \omega t - \frac{\sqrt{2}V}{\omega L} \cos \omega t \end{aligned} \tag{2.60}$$

この式に三角関数の合成定理を適用すると，次式を得る．

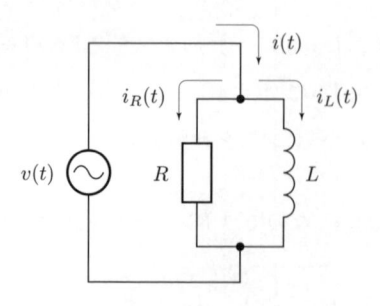

図 2-23 RL 並列回路

$$i(t) = \sqrt{2}V\sqrt{\left(\frac{1}{R}\right)^2 + \left(\frac{1}{\omega L}\right)^2} \sin\left(\omega t - \arctan\frac{R}{\omega L}\right) \tag{2.61}$$

いま，定常電流を

$$i(t) = \sqrt{2}I\sin(\omega t + \phi) \tag{2.62}$$

とおき，これを式 (2.61) と比較すると，次式を得る．

$$I = V\sqrt{\left(\frac{1}{R}\right)^2 + \left(\frac{1}{\omega L}\right)^2} \tag{2.63}$$

$$\phi = -\arctan\frac{R}{\omega L} \tag{2.64}$$

式 (2.63) より，RL 並列回路のインピーダンスは次式となる．

$$Z = \frac{V}{I} = \frac{1}{\sqrt{\left(\frac{1}{R}\right)^2 + \left(\frac{1}{\omega L}\right)^2}} \tag{2.65}$$

一方，RL 並列回路のアドミタンスは次式となる．

$$Y = \frac{I}{V} = \sqrt{\left(\frac{1}{R}\right)^2 + \left(\frac{1}{\omega L}\right)^2} \tag{2.66}$$

式 (2.65)，式 (2.66) より明らかなように，並列回路の場合，アドミタンスのほうがインピーダンスよりも適した表現であることがわかる．

2.4.2 RC 並列回路

図 2-24 の電気回路を考える．この回路は **RC 並列回路**と呼ばれる．いま，回路を流れる電流を $i(t)$，抵抗を流れる電流を $i_R(t)$，キャパシタを流れる電流を $i_C(t)$ とすると，つぎの回路方程式が得られる．

$$i(t) = i_R(t) + i_C(t) = \frac{v(t)}{R} + C\frac{dv(t)}{dt} \tag{2.67}$$

前節と同様に交流電圧源を印加すると，定常電流はつぎのようになる．

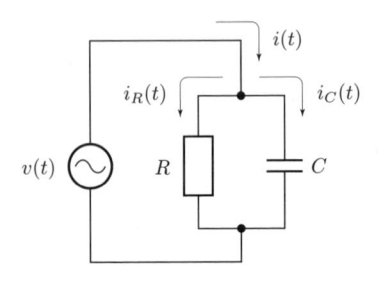

図 2-24　RC 並列回路

$$i(t) = \frac{\sqrt{2}V}{R}\sin\omega t + \sqrt{2}\omega VC\cos\omega t$$
$$= \sqrt{2}V\sqrt{\left(\frac{1}{R}\right)^2 + (\omega C)^2}\,\sin(\omega t + \arctan\omega RC) \tag{2.68}$$

いま，定常電流を

$$i(t) = \sqrt{2}I\sin(\omega t + \phi) \tag{2.69}$$

とおき，これを式 (2.68) と比較すると，次式を得る．

$$I = V\sqrt{\left(\frac{1}{R}\right)^2 + (\omega C)^2} \tag{2.70}$$

$$\phi = \arctan\omega RC \tag{2.71}$$

式 (2.70) より，RC 並列回路のアドミタンスとインピーダンスはそれぞれつぎのようになる．

$$Y = \sqrt{\left(\frac{1}{R}\right)^2 + (\omega C)^2} \tag{2.72}$$

$$Z = \frac{1}{\sqrt{\left(\frac{1}{R}\right)^2 + (\omega C)^2}} \tag{2.73}$$

2.4.3 RLC 並列回路

図 2-25 の電気回路を考える．この回路は RLC 並列回路と呼ばれる．いま，回路を流れる電流を $i(t)$，抵抗を流れる電流を $i_R(t)$，インダクタを流れる電流を $i_L(t)$，キャパシタを流れる電流を $i_C(t)$ とすると，つぎの回路方程式が得られる．

$$i(t) = i_R(t) + i_L(t) + i_C(t) = \frac{v(t)}{R} + \frac{1}{L}\int v(t)\mathrm{d}t + C\frac{\mathrm{d}v(t)}{\mathrm{d}t} \tag{2.74}$$

前節と同様に交流電圧源を印加すると，定常電流はつぎのようになる．

$$\begin{aligned}
i(t) &= \frac{\sqrt{2}V}{R}\sin\omega t + \sqrt{2}V\left(\omega C - \frac{1}{\omega L}\right)\cos\omega t \\
&= \sqrt{2}V\sqrt{\left(\frac{1}{R}\right)^2 + \left(\omega C - \frac{1}{\omega L}\right)^2} \\
&\quad \cdot \sin\left(\omega t + \arctan R\left(\omega C - \frac{1}{\omega C}\right)\right)
\end{aligned} \tag{2.75}$$

これまでと同様の式変形を行うと，つぎのポイントを得る．

> ❖ ポイント 2.8 ❖　RLC 並列回路のアドミタンス
>
> $$Y = \sqrt{\left(\frac{1}{R}\right)^2 + \left(\omega C - \frac{1}{\omega L}\right)^2} \tag{2.76}$$

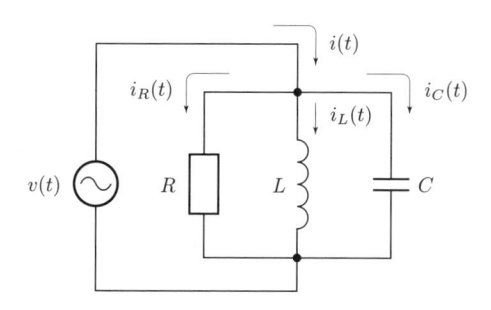

図 2-25　RLC 並列回路

例題 2.11

$R = 200$〔Ω〕の抵抗，$L = 0.1$〔H〕のインダクタ，$C = 5$〔μF〕のキャパシタを並列接続した RLC 回路に交流電圧 $v(t) = 100\sqrt{2}\sin\omega t$〔V〕を印加した．このとき，回路に流れる電流 $i(t)$ を計算せよ．ただし，$\omega = 1000$〔rad/s〕とする．

解答 電流は

$$i(t) = \sqrt{2}V\sqrt{\left(\frac{1}{R}\right)^2 + \left(\omega C - \frac{1}{\omega L}\right)^2}\sin\left(\omega t + \arctan R\left(\omega C - \frac{1}{\omega C}\right)\right)$$

と表されるので，まず，振幅を計算すると

$$\sqrt{2}V\sqrt{\left(\frac{1}{R}\right)^2 + \left(\omega C - \frac{1}{\omega L}\right)^2} = 1$$

となる．つぎに，位相を計算すると次式が得られる．

$$\phi = \arctan R\left(\omega C - \frac{1}{\omega C}\right) = \arctan(-1) = -\frac{\pi}{4}$$

したがって，電流は次式で記述される．

$$i(t) = \sin\left(1000t - \frac{\pi}{4}\right)\;\text{〔A〕}$$

2.5 電力とエネルギー

2.5.1 抵抗のみの回路の電力

抵抗 R のみからなる回路を考える．抵抗を流れる交流電流を

$$i(t) = I_m \sin \omega t \tag{2.77}$$

とすると，抵抗の両端の電位差は，

$$v(t) = RI_m \sin \omega t \tag{2.78}$$

となる．ただし，I_m は電流の最大振幅である．

ある時刻 t における電力を，直流回路の場合と同様に，（電圧）×（電流）から計算すると，

$$p(t) = v(t)i(t) = Ri^2(t) = RI_m^2 \sin^2 \omega t \tag{2.79}$$

が得られる．このように計算された $p(t)$ を**瞬時電力** (instantaneous power) と呼び，そのグラフを図 2-26 に示した．図の横軸は ωt であることに注意する．横軸を ωt とすると，正弦波交流 $\sin \omega t$ の周期は 2π であったが，グラフから瞬時電力の周期は π と半分になっていることに注意する．

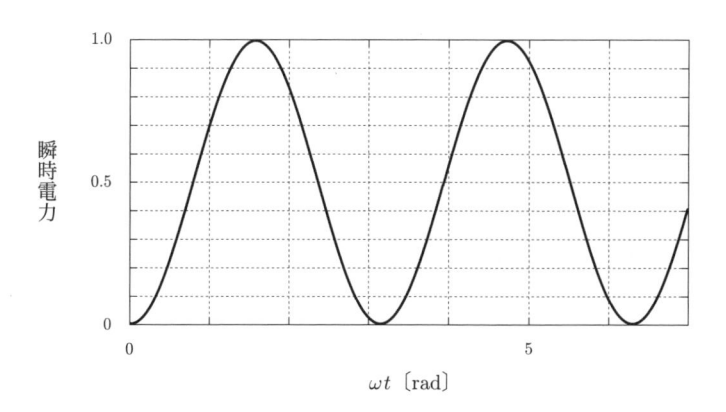

図 2-26 瞬時電力の時間変化（抵抗のみの回路）

混乱しやすいので，それぞれの波形の周期について整理しておこう．ωtではなく，時刻 t で考えると，正弦波交流 $\sin \omega t$ の周期 T は，

$$T = \frac{1}{f} = \frac{2\pi}{\omega} \tag{2.80}$$

である．一方，瞬時電力 $p(t)$ の周期は，次式となる．

$$\frac{T}{2} = \frac{\pi}{\omega} \tag{2.81}$$

もともと正弦波交流は時間的に変化しているので，瞬時電力も時間変化してしまう．このままでは，身近な例では電力から電気代を計算することは難しい．そこで，瞬時電力の 1 周期の面積を周期で平均した量を計算する．

$$P = \frac{1}{\frac{T}{2}} \int_0^{\frac{T}{2}} p(t) \mathrm{d}t = \frac{RI_m^2}{\frac{T}{2}} \int_0^{\frac{T}{2}} \sin^2 \omega t \mathrm{d}t$$

$$= \frac{RI_m^2}{T} \int_0^{\frac{T}{2}} (1 - \cos 2\omega t) \mathrm{d}t = \frac{RI_m^2}{2} = \left(\frac{I_m}{\sqrt{2}}\right)^2 R \tag{2.82}$$

このように計算された P を**平均電力**（average power）と呼ぶ．ここで，つぎの三角関数の公式を利用した．

$$\sin^2 \theta = \frac{1 - \cos 2\theta}{2} \tag{2.83}$$

さて，抵抗 R からなる回路に直流電圧 V を印加し，そのときの電流を I とする．このとき，抵抗で消費される電力は，

$$P_d = VI = RI^2 \tag{2.84}$$

となる．式 (2.82) と式 (2.84) を比べると，次式が得られる．

$$RI^2 = \left(\frac{I_m}{\sqrt{2}}\right)^2 R$$

したがって，

$$I = \frac{I_m}{\sqrt{2}} \tag{2.85}$$

が得られる．このようにして定義された I（すなわち，最大振幅 I_m の $1/\sqrt{2}$ 倍）を交流電流の実効値と呼ぶ．同様にして，交流電圧の実効値 V も次式のように与えられる．

$$V = \frac{V_m}{\sqrt{2}} \tag{2.86}$$

実効値は交流電気回路において重要な概念であるので，つぎのポイントでまとめておこう．

❖ ポイント 2.9 ❖　実効値

交流電圧 $v(t)$ によって抵抗 R で消費される電力と，同じ抵抗 R に直流電圧を印加したときに消費される電力とが等しくなるような直流電流（あるいは直流電圧）の大きさを実効値と呼び，これは次式で計算される．

$$I = \sqrt{\frac{1}{T} \int_0^T i^2(t)\,dt} \tag{2.87}$$

このように，実効値 I は，電流の瞬時値 $i(t)$ の 2 乗平均の平方根（RMS：Root Mean Square）である．

正弦波交流の場合には，式 (2.87) は容易に計算でき，次式が得られる．

$$I = \frac{I_m}{\sqrt{2}} \tag{2.88}$$

ただし，I_m は正弦波交流の最大振幅である．

例題 2.12

家庭用 100 V 電源の電圧波形の概形を図示し，図中に実効値を示せ．ただし，$v(0) = 0$ 〔V〕，角周波数は 50 Hz とする．

解答　家庭用 100 V の電圧は，

$$v(t) = 100\sqrt{2} \sin 100\pi t$$

と表される．その波形を図 2-27 に示した．

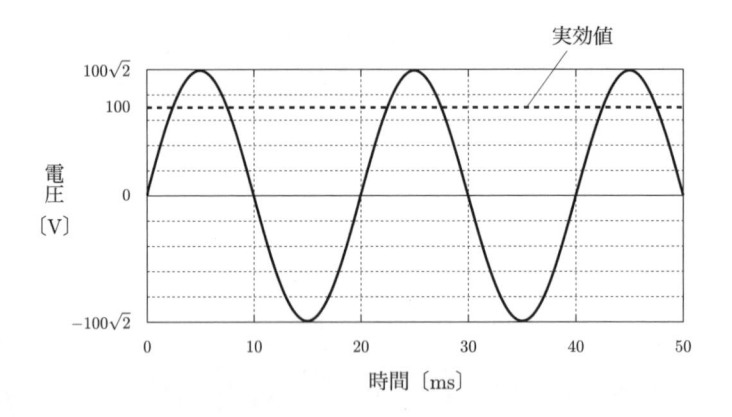

図 2-27　例題 2.12 の解答

例題 2.13

抵抗が R である電熱線に正弦波電圧 $v(t)$ を与えて熱エネルギーを取り出す．このとき，以下の問いに答えよ．

(1) 下図は $v(t)$ を表す．図より，$v(t)$ を記述する式を求めよ．

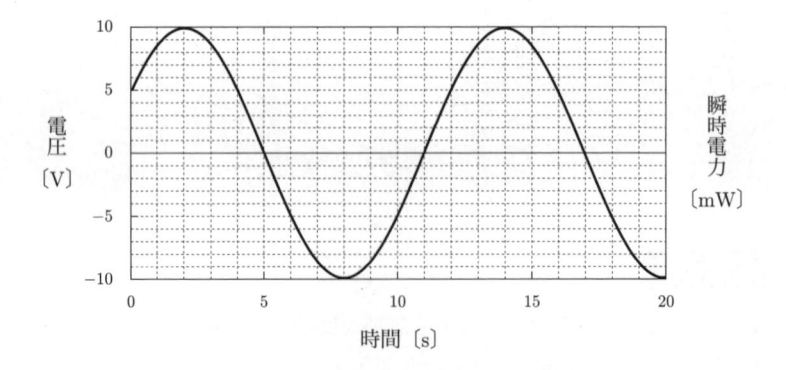

(2) 瞬時電力 $p(t)$ を求め，図示せよ．ただし，$R = 1$ [kΩ] とする．

(3) $p(t)$ を t で積分することにより平均電力 P を求めよ．

(4) $v(t)$ の代わりに，直流電圧 V_D を与えて一定時間で同じ熱エネルギーを得たい．V_D をどのように選べばよいか．

解答

(1) 図より，$T = 12$ 〔s〕なので，$\omega = 2\pi/T = \pi/6$ 〔rad/s〕である．また，図より，$v(t)$ が原点の近くで 0 の値をとるのは $t = -1$ 〔s〕のときであることがわかるので，つぎのようにして位相を計算することができる．

$$2\pi : 12 = \varphi : -1 \quad \longrightarrow \quad \varphi = -\frac{\pi}{6}$$

よって，瞬時電圧 $v(t)$ は次式となる．

$$v(t) = 10 \sin\left(\frac{\pi}{6}t + \frac{\pi}{6}\right) \text{〔V〕}$$

(2) まず，オームの法則より，瞬時電流は次式となる．

$$i(t) = \frac{v(t)}{R} = 0.01 \sin\left(\frac{\pi}{6}t + \frac{\pi}{6}\right) \text{〔A〕}$$

よって，瞬時電力はつぎのようになる．

$$\begin{aligned} p(t) = v(t)i(t) &= 0.1 \sin^2\left(\frac{\pi}{6}t + \frac{\pi}{6}\right) \\ &= 0.05 \left[1 - \cos\left(\frac{\pi}{3}t + \frac{\pi}{3}\right)\right] \text{〔W〕} \\ &= 50 \left[1 - \cos\left(\frac{\pi}{3}t + \frac{\pi}{3}\right)\right] \text{〔mW〕} \end{aligned}$$

$p(t)$ の波形を図 2-28 に示した．

(3) 平均電力は次式のように計算できる．

$$\begin{aligned} P = \frac{1}{\frac{T}{2}} \int_0^{\frac{T}{2}} p(t) \mathrm{d}t &= \frac{1}{60} \int_0^6 \sin^2 \frac{\pi}{6} t \, \mathrm{d}t \\ &= \frac{1}{120} \int_0^6 \left[1 - \cos\left(\frac{\pi}{3}t + \frac{\pi}{3}\right)\right] \mathrm{d}t = 0.05 \text{〔W〕} = 50 \text{〔mW〕} \end{aligned}$$

(4) 直流電圧 V_D を加えたとき R で消費される電力は V_D^2/R であり，これが (3) で求めた 0.05 W と等しいので，次式が得られる．

$$\frac{V_D^2}{R} = 0.05$$

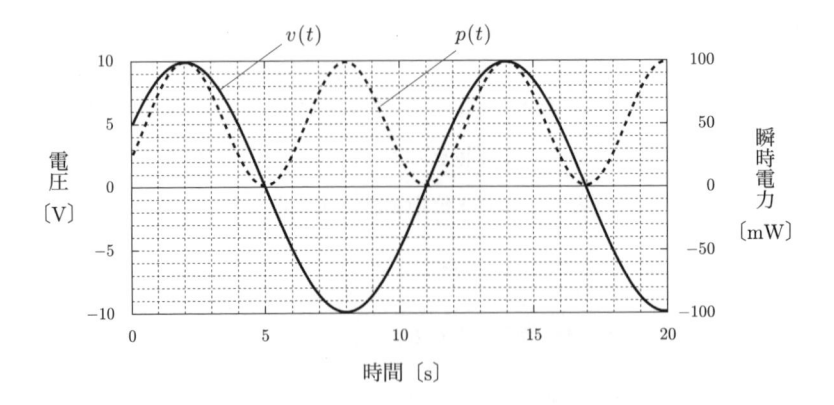

図 2-28　例題 2.13 の解答

$R = 1000$ を代入すると，次式が得られる．

$$V_D = \sqrt{0.05 \times 1000} \fallingdotseq \sqrt{50} = \frac{10}{\sqrt{2}} \approx 7.07 \,[\text{V}]$$

2.5.2　インダクタのみの回路

インダクタ L のみからなる回路を考える．インダクタを流れる電流を

$$i(t) = \sqrt{2} I \sin \omega t \tag{2.89}$$

とすると，インダクタの両端の電位差は，

$$v(t) = L\frac{\mathrm{d}i(t)}{\mathrm{d}t} = \sqrt{2} \omega L I \cos \omega t \tag{2.90}$$

となる．ただし，I は電流の実効値である．

前項と同様に，まず瞬時電力を計算してみよう．

$$p(t) = v(t)i(t) = 2\omega L I^2 \sin \omega t \cos \omega t = \omega L I^2 \sin 2\omega t \tag{2.91}$$

ここで，三角関数の倍角の公式

$$\sin 2\theta = 2 \sin \theta \cos \theta \tag{2.92}$$

を利用した．瞬時電力の時間変化を図 2-29 に示した．この図の横軸も ωt であることに注意する．図より，この場合も周期は π である．

つぎに，平均電力 P を計算しよう．

$$P = \frac{1}{\frac{T}{2}} \int_0^{\frac{T}{2}} p(t)\mathrm{d}t = \frac{2\omega LI^2}{T} \int_0^{\frac{T}{2}} \sin 2\omega t \mathrm{d}t = \frac{LI^2}{T}\left[-\cos 2\omega t\right]_0^{\frac{T}{2}} = 0 \tag{2.93}$$

この結果は図 2-29 からも明らかである．したがって，インダクタのみからなる回路の場合，平均電力は 0 になる．

インダクタのみの回路の場合，平均電力は 0 だったので，ある時刻 t におけるエネルギー（すなわち，時刻 0 から t までのパワーの積分値）を計算してみよう．

$$\begin{aligned} W(t) &= \int_0^t p(t)\mathrm{d}t = \omega LI^2 \int_0^t \sin 2\omega t \mathrm{d}t \\ &= \frac{LI^2}{2}(1 - \cos 2\omega t) = LI^2 \sin^2 \omega t \end{aligned} \tag{2.94}$$

このようにして計算された $W(t)$ を時刻 t における磁気エネルギーという．$W(t)$ を図 2-30 に示した．

さらに，この $W(t)$ の平均値 $\bar{W}$ を計算してみよう．

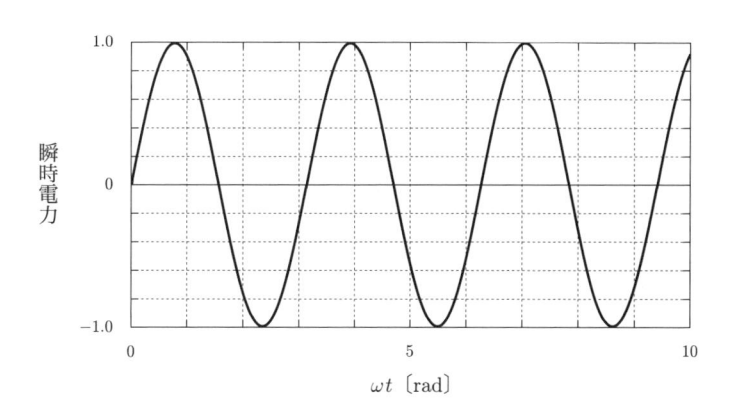

図 2-29　瞬時電力の時間変化（インダクタのみの回路）

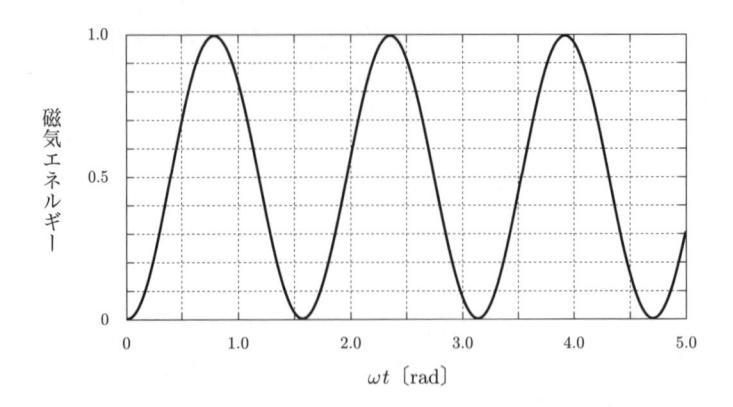

図 2-30　各時刻における磁気エネルギー

$$\bar{W} = \frac{1}{\frac{T}{2}} \int_0^{\frac{T}{2}} W(t)\mathrm{d}t = \frac{1}{2}LI^2 \tag{2.95}$$

このようにして計算された $\bar{W}$ は**磁気エネルギー**（magnetic energy）と呼ばれる．

2.5.3　キャパシタのみの回路

キャパシタ C のみからなる回路を考える．キャパシタの端子間電圧を

$$v(t) = \sqrt{2}V \sin \omega t \tag{2.96}$$

とすると，キャパシタを流れる電流は

$$i(t) = \frac{\mathrm{d}q(t)}{\mathrm{d}t} = C\frac{\mathrm{d}v(t)}{\mathrm{d}t} = \sqrt{2}\omega CV \cos \omega t \tag{2.97}$$

となる．ただし，V は電圧の実効値である．

まず，瞬時電力を計算してみよう．

$$p(t) = v(t)i(t) = 2\omega CV^2 \sin \omega t \cos \omega t = \omega CV^2 \sin 2\omega t \tag{2.98}$$

瞬時電力の時間変化を図 2-31 に示した．図より，L のみの回路のときとグラフの形はまったく同じである．

したがって，この場合の平均電力 P は，次式のようになる．

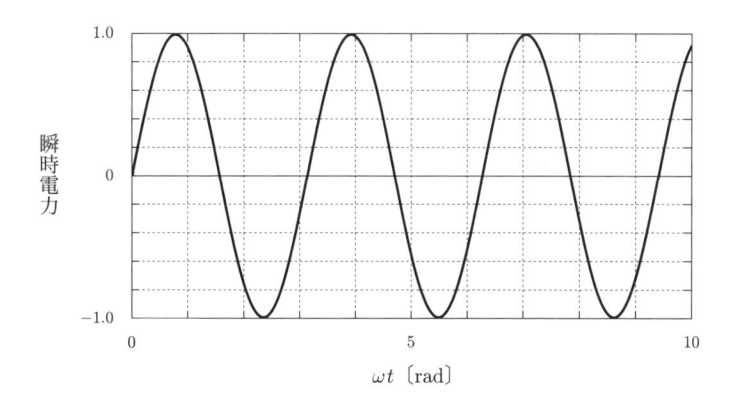

図 2-31 瞬時電力の時間変化（キャパシタのみの回路）

$$P = \frac{1}{\frac{T}{2}} \int_0^{\frac{T}{2}} p(t)\mathrm{d}t = 0 \tag{2.99}$$

インダクタのみの回路の場合と同じように，ある時刻 t におけるエネルギーは，

$$W(t) = \int_0^t p(t)\mathrm{d}t = CV^2 \sin^2 \omega t \tag{2.100}$$

となり，これを時刻 t における静電エネルギーという．$W(t)$ を図 2-32 に示した．さらに，この $W(t)$ の平均値 $\bar{W}$ は次式のようになる．

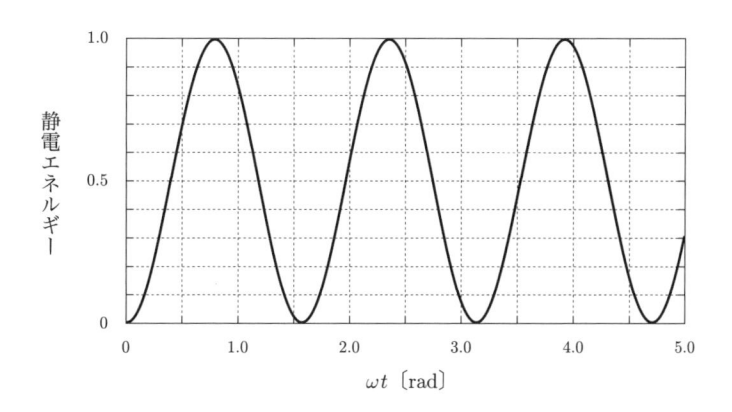

図 2-32 各時刻における静電エネルギー

$$\bar{W} = \frac{1}{\frac{T}{2}} \int_0^{\frac{T}{2}} W(t)\mathrm{d}t = \frac{1}{2}CV^2 \tag{2.101}$$

このように計算された $\bar{W}$ は**静電エネルギー**（electrostatic energy）と呼ばれる．

以上で得られた結果をまとめておこう．

❖ ポイント 2.10 ❖　磁気エネルギーと静電エネルギー

交流電圧と電流の実効値をそれぞれ V, I とするとき，インダクタンスのみからなる回路の磁気エネルギーと，キャパシタのみからなる回路の静電エネルギーは，それぞれつぎのように与えられる．

$$\text{磁気エネルギー} = \frac{1}{2}LI^2 \tag{2.102}$$

$$\text{静電エネルギー} = \frac{1}{2}CV^2 \tag{2.103}$$

2.5.4　一般的な正弦波交流回路

これまで，つぎの三つの場合について電力やエネルギーを計算してきた．

- R のみの回路——電流と電圧は同相である．
- L のみの回路——電流は電圧よりも位相が $\pi/2$ 遅れている．
- C のみの回路——電流は電圧よりも位相が $\pi/2$ 進んでいる．

すなわち，電流と電圧の位相差が 0 か $\pm\pi/2$ かという特殊な場合について考えてきた．そこで，ここでは，電圧と電流の位相差が φ の場合，すなわち，電圧と電流がそれぞれつぎのような場合について考える．

$$v(t) = \sqrt{2}V\sin(\omega t + \theta) \tag{2.104}$$

$$i(t) = \sqrt{2}I\sin(\omega t + \theta - \varphi) \tag{2.105}$$

ここでは，一般的な状況を想定するために，初期位相 θ も導入した．

まず，瞬時電力を計算すると，つぎのようになる．

$$\begin{aligned} p(t) = v(t)i(t) &= 2VI\sin(\omega t + \theta)\sin(\omega t + \theta - \varphi) \\ &= VI\left[\cos\varphi - \cos(2\omega t + 2\theta - \varphi)\right] \end{aligned} \quad (2.106)$$

ここで，三角関数の公式

$$2\sin\alpha\sin\beta = \cos(\alpha - \beta) - \cos(\alpha + \beta) \quad (2.107)$$

を用いた．

式 (2.106) の大かっこ内を見ると，第 1 項の $\cos\varphi$ は時刻 t と無関係であり，第 2 項の $\cos(2\omega t + 2\theta - \varphi)$ は角周波数が 2 倍の ωt になっていることがわかる．図 2-33 に瞬時電力のグラフを示した．$\cos\varphi$ が存在するために，これまでと違ってこのグラフの平均値は 0 になっていないことに注意する．

つぎに，平均電力を計算しよう．

$$P = \frac{1}{T}\int_0^T p(t)\mathrm{d}t = VI\cos\varphi \ [\mathrm{W}] \quad (2.108)$$

ここで，$\cos\varphi$ は**力率**（power factor）と呼ばれる．ただし，φ は電流と電圧の位相差である．L のみの回路の場合には $\varphi = \pi/2$ であり，C のみの回路の場合には

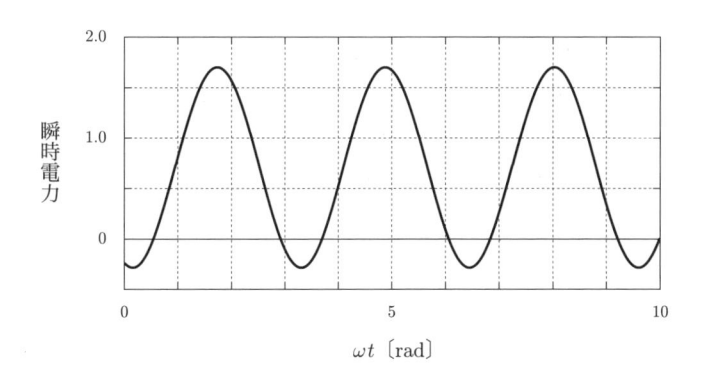

図 2-33　一般的な交流回路のときの瞬時電力

$\varphi = -\pi/2$ だったので,いずれの場合も $\cos\varphi = 0$ であった.一般には,$|\varphi| \leq \pi/2$ なので,$\cos\varphi \geq 0$ である.また,交流回路ではつぎのような表現をする.

> ❖ ポイント 2.11 ❖　力率
>
> 電圧を基準にとったときの電流の位相差を φ とするとき,$\cos\varphi$ を力率という.また,φ の大きさによってつぎのような場合分けを行う.
>
> - 遅れ力率(lagging power factor)——電流が電圧よりも位相が遅れている場合(すなわち,$\varphi > 0$ のとき)
> - 進み力率(leading power factor)——電流が電圧よりも位相が進んでいる場合(すなわち,$\varphi < 0$ のとき)

つぎに,力率を用いると以下に示すように,有効電力,無効電力,そして皮相電力という三つの電力を定義することができる.

まず,**有効電力**(active power)は,

$$P_a = VI\cos\varphi \tag{2.109}$$

で与えられ,電圧と電流をそれぞれベクトル $\boldsymbol{V}$, $\boldsymbol{I}$ とし,両者の間の角度を φ とすると,これらのベクトルの**内積**(inner product)として有効電力を定義することもできる(図 2-34).すなわち,

$$P_a = \boldsymbol{V} \cdot \boldsymbol{I} \tag{2.110}$$

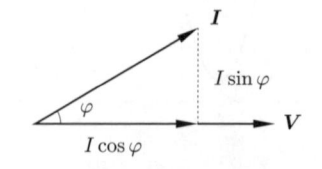

図 2-34　ベクトルの内積と見た有効電力

ここで，有効電力の単位は「ワット」〔W〕である．

つぎに，

$$P_r = VI\sin\varphi \tag{2.111}$$

で定義される電力を**無効電力**（reactive power）と呼び，その単位は「ヴァール」〔Var：Volt ampere reactive〕である．これは二つのベクトルの**外積**（outer product）の大きさに対応する．

最後に，直接，電圧と電流の実効値の積を計算したもの，

$$P_{ap} = VI \tag{2.112}$$

を**皮相電力**（apparent power）と呼び，その単位は「ボルトアンペア」〔VA〕である．

これら三つの電力の間には，次式が成り立つ．

$$P_{ap} = \sqrt{P_a^2 + P_r^2} \tag{2.113}$$

また，以上の議論から，「電圧と電流は大きさと方向をもつベクトルとして考えることができる」ことがわかった．したがって，複素平面上でこれらの量をベクトルとして考えると便利であり，それについては続く第3章で詳しく述べる．

例題 2.14

ある回路における電圧と電流がそれぞれ

$$v(t) = 50\sin(\omega t + \theta) \ \text{〔V〕}$$

$$i(t) = 4\sin\left(\omega t + \theta - \frac{\pi}{6}\right) \ \text{〔A〕}$$

で与えられるとき，皮相電力 P_{ap}，有効電力 P_a および力率 $\cos\varphi$ を求めよ．

解答 まず，皮相電力は，

$$P_{ap} = \frac{50}{\sqrt{2}} \times \frac{4}{\sqrt{2}} = 50 \ \text{〔VA〕}$$

である．つぎに，電流は電圧より位相が $\pi/6$ rad 遅れているので，力率は $\cos\varphi = \cos\pi/6 = \sqrt{3}/2$ で，これは遅れ力率である．最後に，有効電力は次式のように計算できる．

$$P_a = VI\cos\varphi = 50\frac{\sqrt{3}}{2} = 25\sqrt{3} \; [\text{W}]$$

2.6　相互誘導回路と理想変成器

図 2-35 に示した回路について考えよう．この回路は，インダクタを二つ向かい合わせに配置したもので，**相互誘導回路**（mutual inductor），あるいは変成器（transformer），トランスなどと呼ばれる．

図 2-35 の回路を記述する微分方程式は，次式で与えられる．

$$v_1(t) = L_1 \frac{\mathrm{d}i_1(t)}{\mathrm{d}t} \pm M \frac{\mathrm{d}i_2(t)}{\mathrm{d}t} \tag{2.114}$$

$$v_2(t) = L_2 \frac{\mathrm{d}i_2(t)}{\mathrm{d}t} \pm M \frac{\mathrm{d}i_1(t)}{\mathrm{d}t} \tag{2.115}$$

これらの式において，複号（±）は，上（+）が図 2-35 (a) に，下（−）が図 2-35 (b) に対応する．また，L_1, L_2 はそれぞれのインダクタの**自己インダクタンス**（self inductance）であり，M は二つのインダクタの間の**相互インダクタンス**（mutual inductance）である．

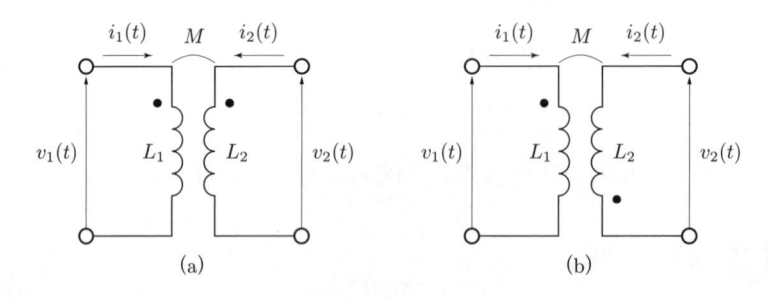

図 2-35　相互誘導回路

式 (2.114)，式 (2.115) において，L_1，L_2，M は，不等式

$$L_1 L_2 - M^2 \geq 0$$

を満たさなければならない．したがって，次式のような M を定義できる．

$$M = k\sqrt{L_1 L_2}, \quad 0 < k \leq 1 \tag{2.116}$$

ここで，k は二つのインダクタの**結合係数**（coupling coefficient）と呼ばれる．

さて，二つのインダクタの間に磁束の漏れがない，すなわち，

$$M^2 = L_1 L_2 \quad \text{すなわち} \quad k = 1 \tag{2.117}$$

が成り立つ変成器は**密結合変成器**（unity coupled transformer）と呼ばれる．

また，密結合変成器で，L_1 が無限大のものを**理想変成器**（ideal transformer）と呼び，これを図 2-36 に示した．詳しい式変形は省略するが，このとき

$$v_1(t) = a v_2(t) \tag{2.118}$$

$$i_1(t) = -\frac{1}{a} i_2(t) \tag{2.119}$$

が成り立つ．ここで，a は（1 次側と呼ばれる）左側のインダクタと（2 次側と呼ばれる）右側のインダクタの巻数の比，すなわち巻線比である．理想変成器の特性は，インダクタンスではなく，巻線比 a のみによって決定されることに注意する．

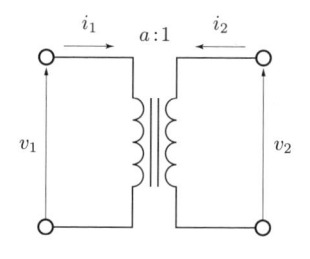

図 2-36　理想変成器

> **コラム 14 —— 三角関数の公式**
>
> 本章で利用した三角関数の公式をまとめておこう．
>
> $$\cos\theta = -\sin\left(\theta - \frac{\pi}{2}\right) \tag{2.120}$$
>
> $$\cos\theta = \sin\left(\theta + \frac{\pi}{2}\right) \tag{2.121}$$
>
> $$\sin^2\theta = \frac{1-\cos 2\theta}{2} \tag{2.122}$$
>
> $$\sin 2\theta = 2\sin\theta\cos\theta \tag{2.123}$$
>
> 【合成定理】
>
> $$a\cos\phi + b\sin\phi = \sqrt{a^2+b^2}\sin(\phi+\alpha) \tag{2.124}$$
>
> ただし，
>
> $$\cos\alpha = \frac{b}{\sqrt{a^2+b^2}}, \quad \sin\alpha = \frac{a}{\sqrt{a^2+b^2}} \tag{2.125}$$
>
> とおいた．

演習問題

[2-1] 以下の問いに答えよ．

(1) $v_1(t) = \sin(\omega t + \pi/4)$ と $v_2(t) = \sin(3\omega t + \pi/4)$ の周波数を求め，それらの波形を図示せよ．ただし，$\omega = 314$〔rad/s〕とする．

(2) $v_3(t) = \sin(\omega t - \pi/3)$ とするとき，$v_3(t)$ の波形を図示せよ．また，$v_1(t)$ は $v_3(t)$ に対して，どれだけ位相が進んでいるか，あるいは遅れているか．

[2-2] 次ページの図に示した RC 直列回路に交流電圧 $v(t) = 1.732\sin\omega t$〔V〕を印加した．このとき，以下の問いに答えよ．

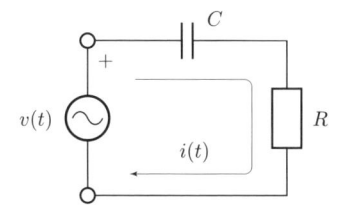

(1) 回路に流れる電流を $i(t) = I_m \sin(\omega t + \varphi)$ とするとき，I_m と φ を求めよ．ただし，$\omega = 33.33$ [rad/s]，$C = 1.0$ [μF]，$R = 17.32$ [kΩ] とする．

(2) $i(t)$ は $v(t)$ に対して位相がどれだけ進んでいるか，あるいは遅れているか．

2-3 以下の問いに答えよ．

(1) 1 mH のインダクタに角周波数 4000 rad/s，実効値 100 V の交流電圧を印加した．このとき，インダクタに流れる電流の実効値を求めよ．

(2) 50 μF のキャパシタに角周波数 4000 rad/s，実効値 100 V の交流電圧を印加した．このとき，キャパシタに流れる電流の実効値を求めよ．

(3) 1 mH のインダクタと 50 μF のキャパシタからなる直列回路に角周波数 4000 rad/s，実効値 100 V の交流電圧を印加した．このとき，回路に流れる電流の実効値を求めよ．

(4) 1 mH のインダクタと 3 Ω の抵抗からなる直列回路に角周波数 4000 rad/s，実効値 100 V の交流電圧を印加した．このとき，回路に流れる電流の実効値を求めよ．

2-4 次ページの図は人間の音声生成過程において，有声音の発声中に声門を通過する空気の流れの時間変化をモデル化（数式で表現）したものである．図示した波形は，基本周波数が $f_0 = 1/T = 100$ Hz の周期関数である．この関数は，1 周期内では

$$u(t) = \begin{cases} a\left(t^2 - \dfrac{1}{0.5T}t^3\right) & [\mathrm{cm^3/s}], \quad 0 \leq t < 0.5T \\ 0 & [\mathrm{cm^3/s}], \quad 0.5T \leq t < T \end{cases}$$

で表される．このとき $u(t)$ の実効値を求めよ．ただし，$a = 1.45 \times 10^8$，$\sqrt{5 \cdot 6 \cdot 7} \simeq 14.5$ とする．

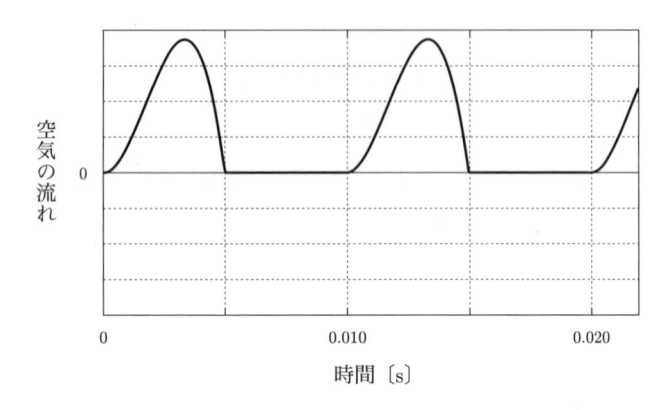

2-5 RL 直列回路に正弦波電圧 $v(t) = 100\sin 2\pi ft$ 〔V〕を印加した．このとき，以下の問いに答えよ．ただし，$R = 100$ 〔Ω〕，$L = \sqrt{3}/\pi$ 〔H〕，$f = 50$ 〔Hz〕とする．

(1) 瞬時電流 $i(t)$ を求めよ．

(2) このとき，$i(t)$ は $v(t)$ に比べて位相がどれだけ進んでいるか，あるいは遅れているか．

(3) この回路の力率を求めよ．

(4) $v(t)$ の実効値 V と $i(t)$ の実効値 I を求めよ．

(5) ある電熱線に実効値が V の電圧を出力する交流電源を接続したところ，流れた電流の実効値が I になったという．この電熱線で消費される電力を求めよ．

(6) RL 直列回路における瞬時電力 $p(t)$ を求めよ．

(7) (6) の結果から，この回路で消費される電力を求めよ．

2-6 電圧 $V = 100$ 〔V〕，電流 $I = 20$ 〔A〕で有効電力 $P_a = 1.6$ 〔kW〕の回路について，以下の問いに答えよ．ただし，角周波数 $\omega = 100$ 〔rad/s〕とする．

(1) 力率 $\cos\varphi$ とインピーダンス Z を求めよ．

(2) この回路が RL 直列回路のとき，抵抗 R とインダクタンス L を求めよ．

(3) この回路が RC 直列回路のとき，抵抗 R とキャパシタンス C を求めよ．

2-7 1000 Hz の正弦波交流に対して，5 mH のインダクタの誘導リアクタンスと等しい容量リアクタンスをもつキャパシタはいくらか．

第 3 章

基本的な交流回路の計算（II）

本章では，複素数の極座標表現の一つであるフェーザ表現に基づく，基本的な交流回路の計算法について説明する．フェーザ表現は演算子法の一種であり，前章で説明した方法とは異なる計算法を導くことができる．フェーザ表現を用いることによって，電気回路の複素インピーダンスを定義することができる．また，電気回路の重要な周波数特性である共振についても説明する．本章ではオイラーの関係式など複素数の基本的な知識が必要になる．

3.1 複素数

3.1.1 複素数の表現

j を虚数単位（すなわち，$j^2 = -1$）とするとき[1]，**複素数**（complex number）は次式のように表される．

$$z = x + jy \tag{3.1}$$

ここで，x を z の **実部**（real part），y を z の **虚部**（imaginary part）といい，

---

[1]. 数学では虚数単位を i で表すが，電気回路では i は電流を表すことが多いので，虚数単位を j とすることが多い．

$$x = \mathrm{Re}(z), \quad y = \mathrm{Im}(z) \tag{3.2}$$

と表記する．このように，点 (x, y) によって複素数を規定することを**直交座標表現**という．図 3-1 に複素数の直交座標表現を示した．図において，横軸を実軸，縦軸を虚軸という．また，このような座標系を**直交座標系**（rectangular coordinate system）[2] という．

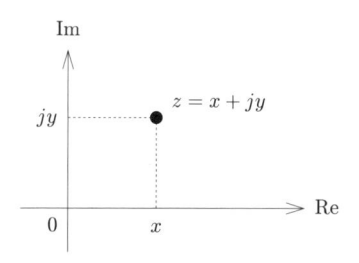

図 3-1　複素数の直交座標表現

つぎに進む前に，複素数の重要な公式であるオイラー（p.94，コラム 16 を参照）の関係式についてまとめておこう．

❖ ポイント 3.1 ❖　オイラーの関係式（Euler's relationship）[3]

$$e^{j\theta} = \cos\theta + j\sin\theta \tag{3.3}$$

オイラーの関係式を複素平面上に示したものが図 3-2 である．図において，原点を中心とした半径 1 の円を**単位円**（unit circle）という．図に示したように，$\theta = 0$ のとき実軸上の $z = 1$ に，$\theta = \pi/2$ のとき虚軸上の $z = j$ に，$\theta = \pi$ のとき実軸上の $z = -1$ に，$\theta = 3\pi/2$ のとき虚軸上の $z = -j$ に対応する．それ以外の一般的な θ に対しても，単位円上から実軸に下ろした垂線の足が $\cos\theta$ であり，虚軸に下ろ

---

[2]. 直角座標系，あるいは，座標の概念を確立したデカルト（p.93，コラム 15 を参照）の名をとってデカルト座標系とも呼ばれる．

[3]. 電気回路の教科書の中には，指数関数 e を ε と表記しているものもある．電圧を e で表現することがあるので，それとの混同を避けるためである．本書では，可能な限り v を用いて電圧を表記するので，指数関数は数学の記法と同様に e を用いる．

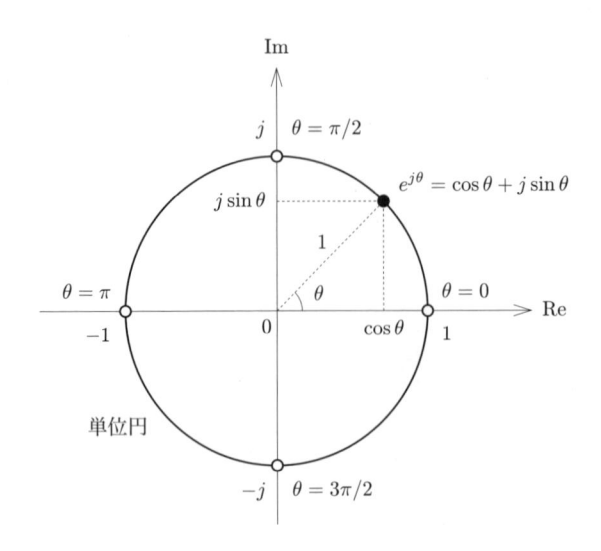

図 3-2　複素平面上でのオイラーの関係式の解釈

した垂線の足が $j\sin\theta$ であるので，

$$e^{j\theta} = \cos\theta + j\sin\theta$$

が成り立つことは図より明らかであろう．

　オイラーの関係式では半径 1 の単位円を考えたが，半径が一般的な r の場合には，

$$re^{j\theta} = r(\cos\theta + j\sin\theta)$$

とすればよい．

　さて，**極座標**

$$x = r\cos\theta, \quad y = r\sin\theta \tag{3.4}$$

を導入すると，式 (3.1) は

$$z = r(\cos\theta + j\sin\theta) \tag{3.5}$$

となる．ここで，オイラーの関係式を用いると，

$$z = re^{j\theta} \tag{3.6}$$

コラム 15 —— ルネ・デカルト (René Descartes, 1596〜1650)

フランス出身の自然哲学者・数学者．考える主体としての自己（精神）とその存在を定式化した「我思う，ゆえに我あり」は哲学史上，最も有名な命題の一つである．そして，この命題は，当時の保守的な思想であったスコラ哲学の教えではなく，人間がもつ「自然の光，すなわち理性」を用いて真理を探求していこうとする近代哲学の出発点を簡潔に表現している．デカルトが近代哲学の父と称されるゆえんである．デカルトは，最初の哲学書である著作「方法序説」を 1637 年に出版した．

数学者としてもさまざまな業績を残したが，デカルトは座標の概念を確立した．彼の名をとって，直交座標系をデカルト座標系と呼ぶことがある．デカルトは，数学を中心にした自然科学を基本にし，物事を判断する基準を作り上げた．特に重要なことは，政治や宗教や迷信から離れ，純粋に物事のしくみを明らかにする方法論を提示したことである．

哲学と数学とはまったく関係ないように思われるかもしれないが，たとえば，工学博士や理学博士のようないわゆる「博士号」を英語では "PhD（Doctor of Philosophy）" という．Philosophy とは，（通常は「哲学」と訳されるが）「分野によらず高等な学問」という意味である．このように，哲学と理工学とは密接に関係しているのである．ぜひ，読者には，哲学をもったエンジニアになっていただきたい．

と記述できる．また，

$$z = r\angle\theta \tag{3.7}$$

と記述することもある．式 (3.6)，式 (3.7) のように複素数を表すことを，複素数の**極座標表現**という．また，このような座標系を**極座標系**（polar coordinate system）という．図 3-3 に複素数の極座標表現を示した．ここで，r を z の**絶対値**（原点からの距離）と呼び，$|z|$ で表す．θ は実軸となす角度（反時計方向を正とする）であり，これを z の**偏角**（argument），あるいは**位相角**（phase angle）と呼び，

コラム 16 ── レオンハルト・オイラー（Leonhard Euler, 1707～1783）

オイラーは，スイスのバーゼルに生まれ，現在のロシアのサンクト・ペテルブルクで亡くなった数学者・物理学者・天体物理学者である．数学に関しては，解析学で大きな業績を残し，18世紀最大・最高の数学者であるといわれている．

オイラーは，数論・解析学・代数学・幾何学といったすでに確立していた数学の分野だけでなく，解析的数論・位相幾何学，グラフ理論，微分幾何学といった当時未開拓だった領域の仕事も進めていった．また，力学・光学・音響学・変分法・天文学など物理学の分野においても優れた業績を残している．

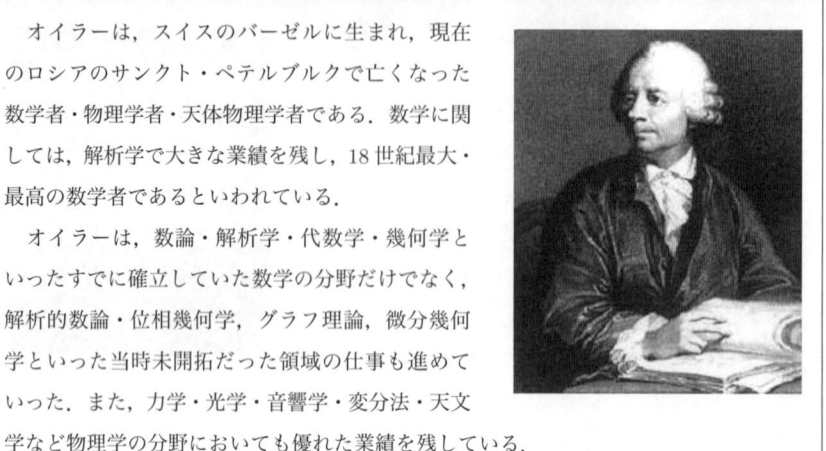

ヨハン・ベルヌーイによって才能を見出されていたオイラーは，19歳でパリ科学アカデミーのアカデミー賞に輝いた．オイラーは，1727年に弱冠20歳でロシアのサンクト・ペテルブルクの物理学教授になる．1735年には，当時「バーゼル問題」として知られていた無限級数の厳密な値を求めることに成功し，このことによりオイラーの名は有名になった．1738年に過度の勉強などによって右目を失明してしまい，最後は全盲になってしまうが，彼の数学への情熱はいっこうに衰えなかったといわれている．1744年には，ベルリン科学アカデミーの数学部長に就任した．

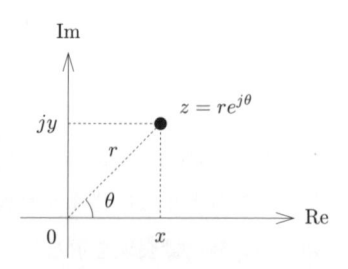

図 3-3　複素数の極座標表現

$\arg z$ と表記する．図より明らかなように，つぎの式が成り立つ．

$$r = |z| = \sqrt{x^2 + y^2} \tag{3.8}$$

$$\theta = \arg z = \arctan \frac{y}{x} \tag{3.9}$$

直交座標系では (x, y) によって複素数の座標を決定していたが，極座標系では (r, θ) によって決定している[4]．

以上より，複素数の表現には，直交座標表現と極座標表現があることがわかった．直交座標表現は，京都の街のように碁盤の目で座標を規定する方法であり，極座標表現は原点を中心に同心円状（あるいは放射状）に座標を規定する方法である[5]．利用する目的に応じて，直交座標と極座標を使い分けることが，複素数を取り扱うときのポイントである．

さて，複素数 $z = x + jy$ に対して，複素平面の実軸に関して対称な位置にある複素数 $\bar{z} = x - jy$ を共役複素数（conjugate complex number）と呼ぶ．このとき，次式が成り立つ．

$$z + \bar{z} = 2x = 2\mathrm{Re}(z)$$
$$z - \bar{z} = j2y = j2\mathrm{Im}(z)$$
$$z\bar{z} = x^2 + y^2 = |z|^2$$

したがって，複素数の大きさを次式のように定義できる．

$$|z| = \sqrt{z\bar{z}} \tag{3.10}$$

---

[4] 高校まで直交座標系について勉強してきたので，最初は極座標系は三角関数を用いた表現であるため，とっつきにくいかもしれない．しかし，慣れてくると非常に便利な表現なので，理解を深めていってほしい．

[5] たとえば，東横線沿線の日吉駅西口や田園調布駅西口は，駅を中心に放射状に町並みが作られている．

例題 3.1

つぎの複素数を極座標表現に変換せよ．

(1) $z = 1 - j\sqrt{3}$
(2) $z = 3 + j3$
(3) $z = j$

解答

(1) $r = \sqrt{1+3} = 2$, $\theta = \arctan(-\sqrt{3}/1) = -\pi/3$ なので，$z = 2e^{-j\frac{\pi}{3}}$ である．
(2) $r = \sqrt{9+9} = 3\sqrt{2}$, $\theta = \arctan(1) = \pi/4$ なので，$z = 3\sqrt{2}e^{j\frac{\pi}{4}}$ である．
(3) $r = \sqrt{1} = 1$, $\theta = \pi/2$ なので，$z = e^{j\frac{\pi}{2}}$ である．

例題 3.2

つぎの複素数を直交座標表現に変換せよ．

(1) $z = \sqrt{2}\,e^{j\frac{\pi}{4}}$
(2) $z = e^{j\frac{3\pi}{2}}$

解答 オイラーの関係式より，それぞれつぎのように計算できる．

(1) $z = \sqrt{2}\left(\cos\dfrac{\pi}{4} + j\sin\dfrac{\pi}{4}\right) = \sqrt{2}\left(\dfrac{1}{\sqrt{2}} + j\dfrac{1}{\sqrt{2}}\right) = 1 + j$
(2) $z = \left(\cos\dfrac{3\pi}{2} + j\sin\dfrac{3\pi}{2}\right) = -j$

例題 3.3

次式を計算せよ．

(1) $|-3 + j4|$
(2) $|-12 - j5|$

解答

(1) $\sqrt{(-3)^2 + 4^2} = 5$

(2) $\sqrt{(-12)^2 + (-5)^2} = 13$

3.1.2 複素数の四則演算

つぎの二つの複素数について考えよう(それぞれ直交座標表現と極座標表現を与えた).

$$z_1 = x_1 + jy_1 = r_1\angle\theta_1 = r_1 e^{j\theta_1}$$
$$z_2 = x_2 + jy_2 = r_2\angle\theta_2 = r_2 e^{j\theta_2}$$

❖ ポイント 3.2 ❖　複素数の四則演算

加算と減算は直交座標系で,乗算と除算は極座標系で行うと便利である.

(a) 加算と減算

直交座標系で行う.

$$z_1 \pm z_2 = (x_1 \pm x_2) + j(y_1 \pm y_2) \tag{3.11}$$

(b) 乗算と除算

極座標系で行う.まず,乗算は次式のように計算できる.

$$z_1 z_2 = r_1 e^{j\theta_1} r_2 e^{j\theta_2} = r_1 r_2 e^{j(\theta_1+\theta_2)} = re^{j\theta} \tag{3.12}$$

ここで,

$$r = r_1 r_2, \quad \theta = \theta_1 + \theta_2$$

である.このように,乗算の場合には,それぞれの大きさを乗じ,偏角の和をとればよい.

つぎに，除算は次式のように計算できる．

$$\frac{z_1}{z_2} = \frac{r_1}{r_2}e^{j(\theta_1-\theta_2)} = re^{j\theta} \tag{3.13}$$

ここで，

$$r = \frac{r_1}{r_2}, \quad \theta = \theta_1 - \theta_2$$

である．このように，除算の場合には，それぞれの大きさを割り，偏角の差をとればよい．

(c) n 乗

乗算の結果より，次式が導かれる．

$$(re^{j\theta})^n = r^n e^{jn\theta} \tag{3.14}$$

いま，

$$(e^{j\theta})^n = e^{jn\theta}$$

より，

$$(\cos\theta + j\sin\theta)^n = \cos n\theta + j\sin n\theta \tag{3.15}$$

が得られ，これを**ド・モアブルの定理**という．

(d) n 乗根

$z = re^{j\theta}$ のとき，z の n 乗根は，

$$w = z^{\frac{1}{n}} = r^{\frac{1}{n}}e^{j\frac{\theta}{n}}, \quad r^{\frac{1}{n}}e^{j\frac{\theta+2\pi}{n}}, \quad \ldots, \quad r^{\frac{1}{n}}e^{j\frac{\theta+2(n-1)\pi}{n}}$$

のように n 個存在する．このとき，

$$r^{\frac{1}{n}}e^{j\frac{\theta}{n}} \tag{3.16}$$

を $z^{\frac{1}{n}}$ の主値という．主値は，$-\pi/n < \arg \leq \pi/n$ を満たす唯一の w である．

例題 3.4

次式を整理して直交座標表現で表せ．

(1) $\left(\dfrac{1}{\sqrt{2}} + j\dfrac{1}{\sqrt{2}}\right)^2$

(2) $\left(\dfrac{1}{2} + j\dfrac{\sqrt{3}}{2}\right)^3$

解答

(1) $\left(\dfrac{1}{\sqrt{2}}(1+j)\right)^2 = \dfrac{1}{2}(1+j)^2 = j$

(2) $\left(\dfrac{1}{2}\left(1+j\sqrt{3}\right)\right)^3 = -1$

例題 3.5

次式を計算せよ．ただし，主値だけ示せ．

(1) $\sqrt{j}$

(2) $\sqrt[3]{j}$

解答

(1) $\sqrt{j} = j^{\frac{1}{2}} = \left(e^{j\frac{\pi}{2}}\right)^{\frac{1}{2}} = e^{j\frac{\pi}{4}}$

(2) $\sqrt[3]{j} = j^{\frac{1}{3}} = \left(e^{j\frac{\pi}{2}}\right)^{\frac{1}{3}} = e^{j\frac{\pi}{6}}$

以下に示すように，オイラーの関係式はいろいろな定理の出発点となる重要な公式なので，よく理解しておいてほしい．

まず，$\cos\theta$ は偶関数，$\sin\theta$ は奇関数であることを利用すると，次式が得られる．

$$e^{j\theta} = \cos\theta + j\sin\theta \tag{3.17}$$

$$e^{-j\theta} = \cos(-\theta) + j\sin(-\theta) = \cos\theta - j\sin\theta \tag{3.18}$$

式 (3.17) + 式 (3.18) と式 (3.17) − 式 (3.18) を計算することにより，つぎの公式が得られる．

❖ ポイント 3.3 ❖　複素関数の公式

$$\cos\theta = \frac{1}{2}\left(e^{j\theta} + e^{-j\theta}\right) \tag{3.19}$$

$$\sin\theta = \frac{1}{j2}\left(e^{j\theta} - e^{-j\theta}\right) \tag{3.20}$$

つぎに，

$$z_1 = r_1 e^{j\theta_1} = r_1(\cos\theta_1 + j\sin\theta_1)$$
$$z_2 = r_2 e^{j\theta_2} = r_2(\cos\theta_2 + j\sin\theta_2)$$

とおき，$z = z_1 z_2$ の計算を直交座標系で行ってみよう．

$$\begin{aligned}
z &= z_1 z_2 \\
&= r_1 r_2 \left[(\cos\theta_1 \cos\theta_2 - \sin\theta_1 \sin\theta_2) + j(\cos\theta_1 \sin\theta_2 + \sin\theta_1 \cos\theta_2)\right] \\
&= r_1 r_2 \left[\cos(\theta_1 + \theta_2) + j\sin(\theta_1 + \theta_2)\right]
\end{aligned} \tag{3.21}$$

これより，よく知られた三角関数の加法定理が得られる．

❖ ポイント 3.4 ❖　三角関数の加法定理

$$\cos(\theta_1 + \theta_2) = \cos\theta_1 \cos\theta_2 - \sin\theta_1 \sin\theta_2 \tag{3.22}$$
$$\sin(\theta_1 + \theta_2) = \cos\theta_1 \sin\theta_2 + \sin\theta_1 \cos\theta_2 \tag{3.23}$$

さて，e^x を $x = 0$ のまわりで**マクローリン展開**すると，

$$e^x = 1 + \frac{x}{1!} + \frac{x^2}{2!} + \frac{x^3}{3!} + \cdots \tag{3.24}$$

が得られる．いま，$x = j\theta$ とおくと，次式が得られる．

$$e^{j\theta} = 1 + j\theta + \frac{(j\theta)^2}{2!} + \frac{(j\theta)^3}{3!} + \cdots$$
$$= \left(1 - \frac{\theta^2}{2!} + \frac{\theta^4}{4!} - \cdots\right) + j\left(\theta - \frac{\theta^3}{3!} + \frac{\theta^5}{5!} - \cdots\right) \quad (3.25)$$

一方，

$$e^{j\theta} = \cos\theta + j\sin\theta$$

なので，つぎの公式が得られる．

❖ ポイント 3.5 ❖　　三角関数のマクローリン展開（Maclaurin's expansion）

$\cos\theta$ と $\sin\theta$ を $\theta = 0$ のまわりでマクローリン展開すると，次式が得られる．

$$\cos\theta = 1 - \frac{\theta^2}{2!} + \frac{\theta^4}{4!} - \cdots \quad (3.26)$$

$$\sin\theta = \theta - \frac{\theta^3}{3!} + \frac{\theta^5}{5!} - \cdots \quad (3.27)$$

なお，次式のように θ に関して 1 次までの項で sin や cos を近似することを，**1 次近似（線形近似）**という．

$$\cos\theta \approx 1, \quad \sin\theta \approx \theta \quad (3.28)$$

これは，原点においてそれぞれの関数の接線を引くと，cos の場合には大きさが 1 の直線に，sin の場合には傾きが 1 の直線になることに対応する．

3.2 交流のフェーザ表現

オイラーの関係式

$$e^{j\theta} = \cos\theta + j\sin\theta$$

において $\theta = \omega t$ とおくと，次式が得られる．

$$e^{j\omega t} = \cos\omega t + j\sin\omega t \tag{3.29}$$

これまで，角周波数 ω の正弦波交流を，たとえば $\sin\omega t$ を用いて表してきたが，オイラーの関係式から $e^{j\omega t}$ は $\sin\omega t$ を含む，より一般的な表現形式であることがわかる．なぜならば，

$$\sin\omega t = \mathrm{Im}(e^{j\omega t}), \quad \cos\omega t = \mathrm{Re}(e^{j\omega t}) \tag{3.30}$$

と考えることができるからである．

さて，前章の結果より，一般的な形式で正弦波交流電圧を表すと，

$$v(t) = \sqrt{2}V\sin(\omega t + \theta) \tag{3.31}$$

が得られる．ただし，V は実効値，ω は角周波数，θ は初期位相である．

❖ ポイント 3.6 ❖　複素電圧と複素電流

瞬時値が

$$v(t) = \sqrt{2}V\sin(\omega t + \theta) \tag{3.32}$$

のように表される交流電圧を

$$\boldsymbol{v}(t) = \sqrt{2}Ve^{j(\omega t + \theta)} = \sqrt{2}V\angle(\omega t + \theta) \tag{3.33}$$

のように表記し，これを**複素電圧**と呼ぶ．同様にして，瞬時値が

$$i(t) = \sqrt{2}I\sin(\omega t + \varphi) \tag{3.34}$$

のように表される交流電流を

$$\boldsymbol{i}(t) = \sqrt{2}Ie^{j(\omega t + \varphi)} = \sqrt{2}I\angle(\omega t + \varphi) \tag{3.35}$$

のように表記し，これを**複素電流**と呼ぶ．

式 (3.32) 〜式 (3.35) より，次式が成り立つ．

$$v(t) = \mathrm{Im}(\boldsymbol{v}(t)), \quad i(t) = \mathrm{Im}(\boldsymbol{i}(t)) \tag{3.36}$$

❖ ポイント 3.7 ❖　　正弦波交流のフェーザ表現

式 (3.33)，式 (3.35) において，時間に関する項 $e^{j\omega t}$ を省略し[*]，大きさを最大振幅ではなく実効値で表すと，

$$\boldsymbol{V} = Ve^{j\theta} = V\angle\theta \tag{3.37}$$
$$\boldsymbol{I} = Ie^{j\varphi} = I\angle\varphi \tag{3.38}$$

が得られる．このような表記法を正弦波交流の**フェーザ**（phasor）**表現**という．なお，本書ではフェーザ表現を太文字の大文字で表記する．フェーザ表現とは，正弦波交流を，その実効値 V と位相角 θ を用いて表現したものである．特に，位相角（phase）に着目した表現なので，**phasor** 表現と名づけられた．

式 (3.37)，式 (3.38) では，複素数の極座標表現を用いてフェーザ表現を与えたが，次式のように直交座標表現することもできる．

$$\boldsymbol{V} = V(\cos\theta + j\sin\theta) = V_R + jV_I \tag{3.39}$$

ただし，$V_R = V\cos\theta$，$V_I = V\sin\theta$ とおいた．なお，$\boldsymbol{I}$ についても同様である．

---

[*] 本書では R, L, C からなる線形回路について考えているので，周波数応答の原理より電圧と電流の角周波数は同じになるため，このように ωt を無視して考えることができる．

例題 3.6

$v(t) = 10\sin(\omega t - \pi/3)$ のフェーザ表現 $\boldsymbol{V}$ を求めよ.

解答 $\boldsymbol{V} = \dfrac{10}{\sqrt{2}} e^{-j\frac{\pi}{3}} = \dfrac{10}{\sqrt{2}} \angle(-\pi/3)$

例題 3.7

起電力の瞬時値がそれぞれ

$$v_A(t) = 10\sqrt{6}\sin\omega t \,\, \text{[V]}$$
$$v_B(t) = 10\sqrt{6}\sin\left(\omega t + \frac{2}{3}\pi\right) \,\, \text{[V]}$$

で与えられる,角周波数が等しい二つの交流電源を下図のように接続したとき,以下の問いに答えよ.

(1) $v_A(t)$, $v_B(t)$ のフェーザ表現 $\boldsymbol{V}_A$, $\boldsymbol{V}_B$ を求めよ.
(2) 下図の端子間電圧をフェーザ表現 $\boldsymbol{V}_{AB}$ で求めよ.
(3) (2) で求めた $\boldsymbol{V}_{AB}$ を実電圧 $v_{AB}(t)$ に変換せよ.

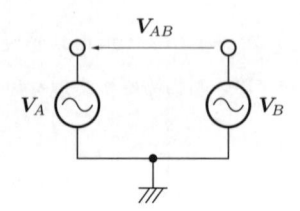

解答

(1) $\boldsymbol{V}_A = 10\sqrt{3}e^{j0} = 10\sqrt{3} = 10\sqrt{3}\angle 0 \,\, \text{[V]}$
   $\boldsymbol{V}_B = 10\sqrt{3}e^{j2\pi/3} = 10\sqrt{3}\angle(2\pi/3) \,\, \text{[V]}$

(2) $\boldsymbol{V}_{AB} = \boldsymbol{V}_A - \boldsymbol{V}_B$ という差を計算したいので,(1) で求めたフェーザ表現 $\boldsymbol{V}_B$ を直交座標系に変換する.

$$\boldsymbol{V}_B = 10\sqrt{3}\left(\cos\frac{2}{3}\pi + j\sin\frac{2}{3}\pi\right) = -5\sqrt{3} + j15$$

よって，

$$\boldsymbol{V}_{AB} = \boldsymbol{V}_A - \boldsymbol{V}_B = 10\sqrt{3} - (-5\sqrt{3} + j15) = 15\sqrt{3} - j15$$
$$= 30e^{-j\frac{\pi}{6}}$$

(3) フェーザ表現から実電圧に変換する際には，実効値から最大振幅に変換しなければならないので，$\sqrt{2}$ を乗じ，上式の虚部をとると，次式が得られる．

$$v_{AB}(t) = 30\sqrt{2}\sin\left(\omega t - \frac{\pi}{6}\right)\,[\mathrm{A}]$$

例題 3.8

ある回路に電圧 $v(t) = \sqrt{2}V\sin(\omega t + \pi/3)$ を印加したとき，回路に電流 $i(t) = \sqrt{2}I\sin(\omega t + \pi/4)$ が流れた．このとき，以下の問いに答えよ．

(1) 電圧 $v(t)$ のフェーザ表現 $\boldsymbol{V}$ を求めよ．
(2) 電流 $i(t)$ のフェーザ表現 $\boldsymbol{I}$ を求めよ．

解答

(1) $\boldsymbol{V} = Ve^{j\frac{\pi}{3}}$
(2) $\boldsymbol{I} = Ie^{j\frac{\pi}{4}}$

3.3　基本的な直列回路の計算

3.3.1　RL 直列回路

前章で取り扱った RL 直列回路（図 3-4）について再び考える．前述したように，回路を流れる電流を $i(t)$ とすると，つぎの回路方程式が得られる．

$$Ri(t) + L\frac{\mathrm{d}i(t)}{\mathrm{d}t} = v(t) \tag{3.40}$$

いま，この RL 直列回路に，角周波数 ω〔rad/s〕，実効値 V〔V〕の正弦波交流

$$v(t) = \sqrt{2}V\sin\omega t \tag{3.41}$$

を印加する．この正弦波交流を複素電圧に変換すると，次式が得られる．

$$\boldsymbol{v}(t) = \sqrt{2}Ve^{j\omega t} \tag{3.42}$$

さて，周波数応答の原理より，定常状態においては，電流は電圧と同じ角周波数をもつ正弦波になる（ただし，振幅と位相は異なるが）．そこで，回路を流れる電流も次式のように**複素電流**で表現する．

$$\boldsymbol{i}(t) = \sqrt{2}Ie^{j(\omega t+\varphi)} \tag{3.43}$$

ここで，φ は電圧と電流の位相差である．

以上の準備のもとで，式 (3.40) の回路方程式を複素電圧と複素電流を用いて書き直すと，

$$R\boldsymbol{i}(t) + L\frac{\mathrm{d}\boldsymbol{i}(t)}{\mathrm{d}t} = \boldsymbol{v}(t) \tag{3.44}$$

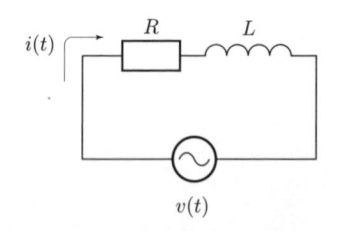

図 3-4　RL 直列回路

が得られる．ここで，式 (3.44) の左辺第 2 項の複素電流の微分を計算すると，次式が得られる．

$$\frac{d\boldsymbol{i}(t)}{dt} = \sqrt{2}I\frac{d}{dt}e^{j(\omega t+\varphi)} = \sqrt{2}j\omega I e^{j(\omega t+\varphi)} = j\omega \boldsymbol{i}(t) \tag{3.45}$$

このように，電流や電圧といった電気量を指数関数を用いて複素表現すると，時間の世界の微分という演算は，$j\omega$ を乗じるという乗算に置き換わる点が重要である[6]．

❖ ポイント 3.8 ❖

時間の世界の微分　→　複素表現では $j\omega$ の乗算

複素数という道具を導入することにより，高校にならないと習わない「微分」を小学校で習う「掛け算」に変換できるというのは，フェーザ法の大きな利点である．

さて，式 (3.45) を式 (3.44) に代入すると，

$$R\boldsymbol{i}(t) + j\omega L\boldsymbol{i}(t) = \boldsymbol{v}(t)$$
$$\boldsymbol{i}(t) = \frac{1}{R+j\omega L}\boldsymbol{v}(t) \tag{3.46}$$

が得られる．式 (3.46) に式 (3.42) を代入すると，

$$\boldsymbol{i}(t) = \frac{\sqrt{2}V}{R+j\omega L}e^{j\omega t} = \frac{\sqrt{2}V(R-j\omega L)}{R^2+(\omega L)^2}e^{j\omega t} \tag{3.47}$$

が得られる．式 (3.47) 中で直交座標表現されている複素数 $R-j\omega L$ を，次式のように極座標表現に変換する．

$$R - j\omega L = \sqrt{R^2+(\omega L)^2}\,e^{j\phi} \tag{3.48}$$

ただし，

$$\phi = \arctan\left(-\frac{\omega L}{R}\right) = -\arctan\left(\frac{\omega L}{R}\right) \tag{3.49}$$

---

[6] 微分が乗算に変換されるので，微分方程式は代数方程式に変換され，取り扱いが容易になる．このような変換を数学の世界では「演算子（オペレータ）法」という．今後，学習するであろう電気回路と関連深い「フーリエ変換」，「ラプラス変換」なども演算子法として解釈できる．

とおいた．式 (3.48) を式 (3.47) に代入すると，次式が得られる．

$$i(t) = \sqrt{2}V \frac{1}{\sqrt{R^2 + (\omega L)^2}} e^{j(\omega t + \phi)} \tag{3.50}$$

式 (3.50) と式 (3.43) は恒等式なので，つぎの式を得る．

$$I = \frac{V}{\sqrt{R^2 + (\omega L)^2}} \tag{3.51}$$

$$\varphi = \phi = -\arctan \frac{\omega L}{R} \tag{3.52}$$

前述したように，オイラーの関係式

$$e^{j\omega t} = \cos \omega t + j \sin \omega t$$

より，複素数 $e^{j\omega t}$ の虚部が正弦波 $\sin \omega t$ に対応するので，$i(t)$ の虚部が求めたい電流 $i(t)$ となる．したがって，

$$i(t) = \sqrt{2}V \frac{1}{\sqrt{R^2 + (\omega L)^2}} \sin\left(\omega t - \arctan \frac{\omega L}{R}\right) \tag{3.53}$$

が得られる．

式 (3.46) より，次式のように**複素インピーダンス**を定義する．

$$\boldsymbol{Z} = \frac{\boldsymbol{v}(t)}{\boldsymbol{i}(t)} = R + jX = R + j\omega L \ [\Omega] \tag{3.54}$$

ここで，複素インピーダンスの実部 R は抵抗分であり，虚部 $X = \omega L$ は**誘導リアクタンス**分である．両者の単位がともに〔Ω〕であることに注意する．このように，フェーザ表現を用いることにより，抵抗 R は R のままで，インダクタンス L を $j\omega L$ と変換すればよいことがわかる．そして，いま考えている回路は直列 RL 回路なので，それら二つをあたかも抵抗であるようにそのまま足し合わせて $R + j\omega L$ を複素インピーダンスとすればよい．

さて，式 (3.54) は直交座標系なので，これを極座標系に変換すると，

$$\boldsymbol{Z} = \sqrt{R^2 + (\omega L)^2} \, e^{j\psi} \tag{3.55}$$

が得られる．これを図 3-5 に示した．この複素平面は，複素インピーダンス平面と呼ばれる．ここで，$\sqrt{R^2 + (\omega L)^2}$ は，前章で導出した RL 直列回路のインピー

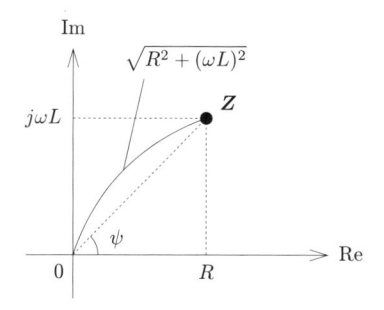

図 3-5　RL 直列回路のインピーダンス Z

ダンスの大きさである．また，

$$\psi = \arctan \frac{\omega L}{R}$$

は位相である．以上のように，複素インピーダンス表現を用いることにより，インピーダンスの大きさと同時に位相も知ることができる．

さて，式 (3.42) の複素電圧 $v(t)$ をフェーザ表現に変換すると，

$$\boldsymbol{V} = V e^{j0}$$

が得られる．一方，式 (3.43) の複素電流 $i(t)$ をフェーザ表現に変換すると，

$$\boldsymbol{I} = I e^{j\varphi}$$

が得られる．そして，これらの比を計算すると，

$$\boldsymbol{Z} = \frac{\boldsymbol{V}}{\boldsymbol{I}} = \frac{V}{I} e^{-j\varphi} = \sqrt{R^2 + (\omega L)^2}\, e^{j \arctan \frac{\omega L}{R}} \tag{3.56}$$

が得られる．ここで，式 (3.51)，式 (3.52) を利用した．これは式 (3.55) と等しいので，つぎのポイントが得られる．

❖ ポイント 3.9 ❖　複素インピーダンス（complex impedance）

交流電圧と交流電圧のフェーザ表現の比

$$\boldsymbol{Z} = \frac{\boldsymbol{V}}{\boldsymbol{I}} \tag{3.57}$$

を複素インピーダンスと定義する．

複素インピーダンスからつぎのように複素アドミタンスを計算することができる.

> ❖ ポイント 3.10 ❖　複素アドミタンス（complex admittance）
> 複素インピーダンスの逆数を**複素アドミタンス**といい，次式のように定義する.
> $$Y = \frac{1}{Z} = \frac{1}{R+jX} = \frac{R}{R^2+X^2} - j\frac{X}{R^2+X^2} = G + jB \; [\text{S}] \quad (3.58)$$
> ここで，複素アドミタンスの実部をコンダクタンス，虚部をサセプタンスと呼ぶ. すなわち，
> $$\text{コンダクタンス (conductance)}: \quad G = \frac{R}{R^2+X^2} \quad (3.59)$$
> $$\text{サセプタンス (susceptance)}: \quad B = -\frac{X}{R^2+X^2} \quad (3.60)$$

以上では，RL 直列回路を考えてきたが，抵抗 R がなく，インダクタ L のみからなる回路の場合，式 (3.54) より複素インピーダンスは

$$Z = j\omega L \quad (3.61)$$

となる. また，このときの複素アドミタンスは次式のようになる.

$$Y = \frac{1}{j\omega L} \quad (3.62)$$

3.3.2　RC 直列回路

前章で取り扱った RC 直列回路（図 3-6）について再び考える. この場合の回路方程式を複素表現すると，

$$R\boldsymbol{i}(t) + \frac{1}{C}\int \boldsymbol{i}(t)\mathrm{d}t = \boldsymbol{v}(t) \quad (3.63)$$

が得られる. 前項と同様に，電圧と電流をつぎのように複素表現する.

$$\boldsymbol{v}(t) = \sqrt{2}Ve^{j\omega t} \quad (3.64)$$
$$\boldsymbol{i}(t) = \sqrt{2}Ie^{j(\omega t + \varphi)} \quad (3.65)$$

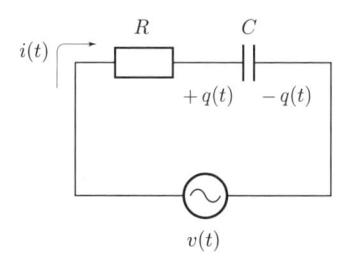

図 3-6　RC 直列回路

ここで，式 (3.63) の左辺第 2 項の積分を計算してみよう．

$$\int \boldsymbol{i}(t)\mathrm{d}t = \int \sqrt{2}I e^{j(\omega t+\varphi)}\mathrm{d}t = \frac{\sqrt{2}I}{j\omega} e^{j(\omega t+\varphi)} = \frac{1}{j\omega}\boldsymbol{i}(t) \tag{3.66}$$

これよりつぎのポイントが得られる．

❖ ポイント 3.11 ❖

時間の世界の積分　→　複素表現では $j\omega$ の除算

ポイント 3.8 とポイント 3.11 より，時間の世界の微分・積分の関係は，複素数の世界では乗算・除算の関係に対応することがわかった．

式 (3.66) を式 (3.63) に代入すると，次式が得られる．

$$R\boldsymbol{i}(t) + \frac{1}{j\omega C}\boldsymbol{i}(t) = \boldsymbol{v}(t)$$
$$\boldsymbol{i}(t) = \frac{\boldsymbol{v}(t)}{R - j\frac{1}{\omega C}} \tag{3.67}$$

式 (3.67) に式 (3.64) を代入すると，次式が得られる．

$$\boldsymbol{i}(t) = \frac{\sqrt{2}V e^{j\omega t}}{R - j\frac{1}{\omega C}} = \frac{\sqrt{2}V \left(R + j\frac{1}{\omega C}\right)}{R^2 + \left(\frac{1}{\omega C}\right)^2} e^{j\omega t} \tag{3.68}$$

いま，

$$R + j\frac{1}{\omega C} = \sqrt{R^2 + \left(\frac{1}{\omega C}\right)^2}\, e^{j\phi} \tag{3.69}$$

のように，直交座標表現を極座標表現に変換する．ただし，

$$\phi = \arctan\left(\frac{1}{\omega CR}\right) \tag{3.70}$$

式 (3.69) を式 (3.68) に代入すると，次式が得られる．

$$i(t) = \sqrt{2}V \frac{1}{\sqrt{R^2 + \left(\frac{1}{\omega C}\right)^2}} e^{j(\omega t + \phi)} \tag{3.71}$$

式 (3.71) と式 (3.65) より，つぎの式が得られる．

$$I = \frac{V}{\sqrt{R^2 + \left(\frac{1}{\omega C}\right)^2}} \tag{3.72}$$

$$\varphi = \phi = \arctan\left(\frac{1}{\omega CR}\right) \tag{3.73}$$

$i(t)$ の虚部が求めたい電流 $i(t)$ であるので，次式が得られる．

$$i(t) = \sqrt{2}V \frac{1}{\sqrt{R^2 + \left(\frac{1}{\omega C}\right)^2}} \sin(\omega t + \phi) \tag{3.74}$$

さて，式 (3.67) より，複素インピーダンスは次式のようになる．

$$\boldsymbol{Z} = R - j\frac{1}{\omega C} = R + jX \;[\Omega] \tag{3.75}$$

ここで，複素インピーダンスの実部 R は抵抗分であり，虚部 $X = -1/\omega C$ は**容量リアクタンス**分である．このように，フェーザ表現を用いることにより，キャパシタンス C は $\frac{1}{j\omega C}$ に変換された．この表現が得られれば，前述した RL 直列回路の場合と同じように，$\frac{1}{j\omega C}$ をあたかも抵抗のようにみなして，回路の計算を行うことができる．

さて，式 (3.75) を極座標に変換すると，

$$\boldsymbol{Z} = \sqrt{R^2 + \left(\frac{1}{\omega C}\right)^2} e^{j\psi} \tag{3.76}$$

が得られる．これを複素インピーダンス平面上に示したものが図 3-7 である．こ

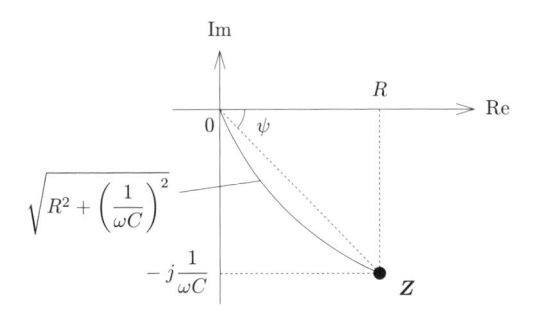

図 3-7　RC 直列回路のインピーダンス Z

こで，$\sqrt{R^2 + \left(\dfrac{1}{\omega C}\right)^2}$ は，前章で導出した RC 直列回路のインピーダンスの大きさである．また，

$$\psi = -\arctan \frac{1}{\omega RC}$$

は位相である．

以上では，RC 直列回路を考えてきたが，抵抗 R がなく，キャパシタ C のみからなる回路の場合，式 (3.75) より複素インピーダンスは

$$\bm{Z} = \frac{1}{j\omega C} \tag{3.77}$$

となる．また，このときの複素アドミタンスは次式のようになる．

$$\bm{Y} = j\omega C \tag{3.78}$$

例題 3.9

例題 3.8 の電気回路の複素インピーダンス $\bm{Z}$ を求めよ．

解答　例題 3.8 の結果を用いると，$\bm{Z}$ はつぎのように計算できる．

$$\bm{Z} = \frac{V}{I} e^{j\frac{\pi}{12}} = \frac{V}{I}\left(\cos\frac{\pi}{12} + j\sin\frac{\pi}{12}\right) = \frac{V}{I}(0.966 + j0.259)$$

例題 3.10

$R = 1\ [\Omega]$, $L = 10\ [\mathrm{mH}]$, $C = 5000\ [\mu\mathrm{F}]$, $\omega = 100\ [\mathrm{rad/s}]$ とする. このとき, 以下の問いに答えよ.

(1) RL 直列回路の複素インピーダンスを求めよ.
(2) RC 直列回路の複素インピーダンスを求めよ.

解答

(1) $\boldsymbol{Z} = R + j\omega L = 1 + j\ [\Omega]$

(2) $\boldsymbol{Z} = R + \dfrac{1}{j\omega C} = 1 - j2\ [\Omega]$

例題 3.11

ある RL 直列回路の複素インピーダンスを $\boldsymbol{Z}$ とする. $R = 31.4\,[\Omega], L = 5\,[\mathrm{mH}]$ として以下の問いに答えよ.

(1) $\boldsymbol{Z}$ を周波数 f の関数として表せ.
(2) この回路に電圧 $v(t) = \sqrt{2}V \sin(2\pi f t + \pi/6)\ [\mathrm{V}]$ を印加する. このとき, 回路に流れる複素電流 $\boldsymbol{i}(t)$ を求めよ. ただし, $f = 1732\ [\mathrm{Hz}]$ とする.

解答

(1) $\omega = 2\pi f$ より, $\boldsymbol{Z}(f) = R + j2\pi f L = 31.4 + j0.0314 f\ [\Omega]$
(2) 複素電流は次式より計算できる.

$$\boldsymbol{i}(t) = \frac{1}{R + j2\pi f L}\boldsymbol{v}(t) \tag{3.79}$$

いま, 複素電圧は次式のようになる.

$$\boldsymbol{v}(t) = \sqrt{2}V e^{j(2\pi f t + \pi/6)} \tag{3.80}$$

式 (3.80) を式 (3.79) に代入して整理すると，次式が得られる．

$$i(t) = \frac{\sqrt{2}V}{\sqrt{R^2 + (2\pi f)^2}} e^{j(2\pi ft + \pi/6 + \phi)}$$

ただし，

$$\phi = -\arctan\frac{2\pi fL}{R} = -\arctan 1.732 = -\frac{\pi}{3}$$

よって，

$$i(t) = \frac{\sqrt{2}V}{62.8} e^{j(2\pi ft - \pi/6)} \ [\mathrm{A}]$$

例題 3.12

ある回路に 10 V の電圧を印加したとき，流れた電流をフェーザ表現すると $-j0.1$ A であった．以下の空欄を埋め，かっこ内は正しいほうを選択せよ．

(1) このとき，電流は電圧に対し位相が □ rad （進んで・遅れて）いる．

(2) 回路は （誘導・容量） リアクタンスであり，その大きさは □ Ω である．

(3) 回路の複素インピーダンスは □ Ω である．

解答

(1) $\pi/2$

　　遅れて

(2) 誘導

　　$\boldsymbol{Z} = \boldsymbol{V}/\boldsymbol{I} = 10/(-j0.1) = j100 \ [\Omega]$ なので，大きさは 100

(3) $j100$

例題 3.13

フェーザ表現が $V = 5\sqrt{3} - j5$ 〔V〕で表される正弦波交流電圧を，ある負荷に印加した．このとき，流れた電流をフェーザ表現すると $I = -j2$ 〔A〕であった．この負荷の複素インピーダンス Z を直交座標表現で表せ．

解答
$$Z = \frac{V}{I} = \frac{5\sqrt{3} - j5}{-j2} = 2.5(1 + j\sqrt{3}) \text{ 〔Ω〕}$$

例題 3.14

下図の電気回路の複素インピーダンスを求めよ．

$$A \circ\!\!-\!\!\boxed{R}\!\!-\!\!\text{ⵑ}L\!\!-\!\!\dashv\vdash C \!\!-\!\!\circ B$$

解答 複素インピーダンス表現では，抵抗は R のままとし，インダクタは $j\omega L$ に，キャパシタは $1/j\omega C$ に変換すればよく，図の回路は直列回路であるので，それらを足し合わせれば全体の複素インピーダンスが計算できる．よって，次式を得る．

$$Z = R + j\omega L + \frac{1}{j\omega C} = R + j\left(\omega L - \frac{1}{\omega C}\right) \tag{3.81}$$

3.4 基本的な並列回路の計算

3.4.1 RC 並列回路

図 3-8 の RC 並列回路を考える．前節と同様に，回路に印加する複素電圧を

$$v(t) = \sqrt{2}V e^{j\omega t} \tag{3.82}$$

とする．回路を流れる複素電流を $i(t)$，抵抗を流れる複素電流を $i_R(t)$，キャパシタンスを流れる複素電流を $i_C(t)$ とすると，つぎの回路方程式が得られる．

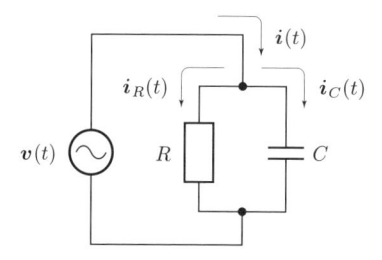

図 3-8 RC 並列回路

$$i(t) = i_R(t) + i_C(t) = \frac{v(t)}{R} + C\frac{dv(t)}{dt} \tag{3.83}$$

この式はつぎのように変形できる.

$$i(t) = \left(\frac{1}{R} + j\omega C\right) v(t) = \sqrt{2}V \left(\frac{1}{R} + j\omega C\right) e^{j\omega t}$$

$$= \sqrt{2}V \sqrt{\left(\frac{1}{R}\right)^2 + (\omega C)^2}\, e^{j(\omega t + \varphi)} \tag{3.84}$$

ただし,

$$\varphi = \arctan(\omega CR) \tag{3.85}$$

したがって, 式 (3.84) の複素電流より, 実電流 $i(t)$ は次式となる.

$$i(t) = \sqrt{2}V \sqrt{\left(\frac{1}{R}\right)^2 + (\omega C)^2}\, \sin(\omega t + \varphi) \tag{3.86}$$

並列回路の場合には, インピーダンスではなく, アドミタンスのほうが適しているので, この RC 並列回路の**複素アドミタンス**を求めると, つぎのようになる.

$$\boldsymbol{Y} = \frac{1}{R} + j\omega C = \sqrt{\left(\frac{1}{R}\right)^2 + (\omega C)^2}\, e^{j\varphi} \tag{3.87}$$

$$= G + j\omega C = \sqrt{G^2 + (\omega C)^2}\, e^{j\varphi} \tag{3.88}$$

ただし, $G = 1/R$ とおいた.

この複素アドミタンス $\boldsymbol{Y}$ を複素平面 (これは複素アドミタンス平面と呼ばれる) 上に示したものが図 3-9 である. この図と, RL 直列回路のインピーダンスの

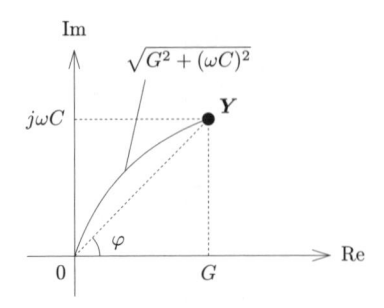

図 3-9 RC 並列回路のアドミタンス $\boldsymbol{Y}$

図 3-5 より，RL 直列回路のインピーダンスと RC 並列回路のアドミタンスは**双対** (dual) の関係にある．

3.4.2　RL 並列回路

図 3-10 の RL 並列回路を考える．これまでと同様に，回路に印加される複素電圧を

$$\boldsymbol{v}(t) = \sqrt{2}V e^{j\omega t} \tag{3.89}$$

とする．回路を流れる複素電流を $\boldsymbol{i}(t)$，抵抗を流れる複素電流を $\boldsymbol{i}_R(t)$，インダクタンスを流れる複素電流を $\boldsymbol{i}_L(t)$ とすると，つぎの回路方程式が得られる．

$$\boldsymbol{i}(t) = \boldsymbol{i}_R(t) + \boldsymbol{i}_L(t) = \frac{\boldsymbol{v}(t)}{R} + \frac{1}{L}\int \boldsymbol{v}(t)\mathrm{d}t \tag{3.90}$$

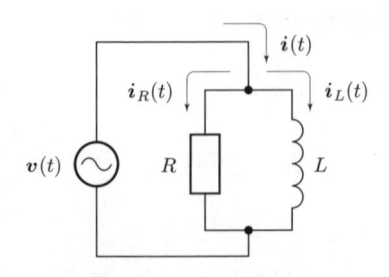

図 3-10　RL 並列回路

前項と同様に，つぎのような変形を行うことができる．

$$i(t) = \left(\frac{1}{R} - j\frac{1}{\omega L}\right) v(t) = \sqrt{2}V \left(\frac{1}{R} - j\frac{1}{\omega L}\right) e^{j\omega t}$$

$$= \sqrt{2}V \sqrt{\left(\frac{1}{R}\right)^2 + \left(\frac{1}{\omega L}\right)^2} e^{j(\omega t + \varphi)} \tag{3.91}$$

ただし，

$$\varphi = \arctan\left(-\frac{R}{\omega L}\right) = -\arctan\left(\frac{R}{\omega L}\right) \tag{3.92}$$

したがって，電流 $i(t)$ は次式となる．

$$i(t) = \sqrt{2}V \sqrt{\left(\frac{1}{R}\right)^2 + \left(\frac{1}{\omega L}\right)^2} \sin(\omega t + \varphi) \tag{3.93}$$

この RL 並列回路の複素アドミタンスを計算すると，つぎのようになる．

$$\boldsymbol{Y} = \frac{\boldsymbol{i}(t)}{\boldsymbol{v}(t)} = \frac{1}{R} - j\frac{1}{\omega L} = \sqrt{\left(\frac{1}{R}\right)^2 + \left(\frac{1}{\omega L}\right)^2} e^{j\varphi} \tag{3.94}$$

$$= G + \frac{1}{j\omega L} = \sqrt{G^2 + \left(\frac{1}{\omega L}\right)^2} e^{j\varphi} \tag{3.95}$$

ただし，$G = 1/R$ とおいた．

この複素アドミタンス $\boldsymbol{Y}$ を複素アドミタンス平面上に示したものが図 3-11 である．この図と，RC 直列回路のインピーダンスの図 3-7 とを比べると，同じ形を

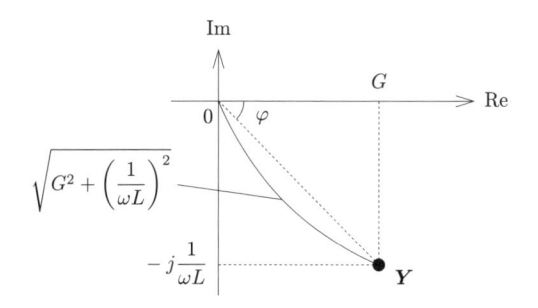

図 3-11 RL 並列回路のアドミタンス $\boldsymbol{Y}$

していることに気づくだろう．このように，RC 直列回路のインピーダンスと RL 並列回路のアドミタンスは双対の関係にある．

例題 3.15

$R = 1$ 〔Ω〕，$L = 10$ 〔mH〕，$C = 5000$ 〔μF〕，$\omega = 100$ 〔rad/s〕とする．このとき，以下の問いに答えよ．

(1) RL 並列回路の複素アドミタンスを求めよ．
(2) RC 並列回路の複素アドミタンスを求めよ．

解答

(1) $\boldsymbol{Y} = \dfrac{1}{R} + \dfrac{1}{j\omega L} = 1 - j$ 〔S〕

(2) $\boldsymbol{Y} = \dfrac{1}{R} + j\omega C = 1 + j0.5$ 〔S〕

以上では，直列回路（並列回路）における複素インピーダンス（複素アドミタンス）の計算法を与えた．そのポイントを以下にまとめておこう．

❖ ポイント 3.12 ❖　複素インピーダンス（アドミタンス）の計算法

抵抗は R のままとし，インダクタは $j\omega L$ に，キャパシタは $1/j\omega C$ に変換し，あたかもそれらがすべて抵抗であるようにみなして回路の合成抵抗を計算すれば，複素インピーダンス（アドミタンス）が求まる．

また，フェーザ表現について表 3-1 にまとめた．

表 3-1　フェーザ表現のまとめ

	実世界（時間の世界）	仮想世界（複素数の世界）
電圧	$v(t) = \sqrt{2}V \sin(\omega t + \theta)$	複素電圧 $\boldsymbol{v}(t) = \sqrt{2}Ve^{j(\omega t+\theta)} = \sqrt{2}V\angle(\omega t + \theta)$ フェーザ表現 $\boldsymbol{V} = Ve^{j\theta} = V\angle\theta$
電流	$i(t) = \sqrt{2}I \sin(\omega t + \varphi)$	複素電流 $\boldsymbol{i}(t) = \sqrt{2}Ie^{j(\omega t+\varphi)} = \sqrt{2}I\angle(\omega t + \varphi)$ フェーザ表現 $\boldsymbol{V} = Ie^{j\varphi} = I\angle\varphi$
抵抗	R	R
インダクタ	L	$j\omega L$
キャパシタ	C	$\dfrac{1}{j\omega C}$

例題 3.16

下図の電気回路の複素アドミタンスを求めよ．

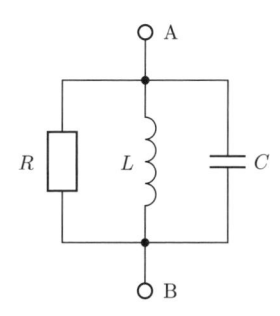

解答　$\displaystyle \boldsymbol{Y} = \frac{1}{R} + \frac{1}{j\omega L} + j\omega C = \frac{1}{R} + j\left(\omega C - \frac{1}{\omega L}\right)$ \hfill (3.96)

3.5 共振

3.5.1 直列共振

図 3-12 に示した RLC 直列回路について考える．これまでと同じように，回路に印加する交流電圧を

$$v(t) = \sqrt{2}V \sin \omega t$$

とする．例題 3.14 の結果から，この RLC 直列回路の複素インピーダンスは

$$\boldsymbol{Z} = R + j\left(\omega L - \frac{1}{\omega C}\right) = R + jX \tag{3.97}$$

となる．ここで，X は

$$X = \omega L - \frac{1}{\omega C} \tag{3.98}$$

で与えられるリアクタンスである．

電圧を複素電圧に変換すると，

$$\boldsymbol{v}(t) = \sqrt{2}V e^{j\omega t}$$

となるので，回路を流れる複素電流は次式のように表現できる．

$$\boldsymbol{i}(t) = \frac{\boldsymbol{v}(t)}{\boldsymbol{Z}} = \frac{\sqrt{2}V e^{j\omega t}}{R + j\left(\omega L - \dfrac{1}{\omega C}\right)} \tag{3.99}$$

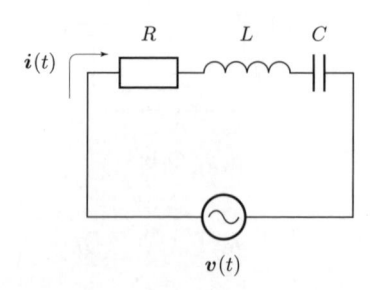

図 3-12　RLC 直列回路

いま，式 (3.98) より，

$$X = \omega L - \frac{1}{\omega C} = 0 \tag{3.100}$$

が成り立つときの角周波数を ω_0 とおくと，これは

$$\omega_0 = \frac{1}{\sqrt{LC}} \tag{3.101}$$

で与えられる．これに対応する共振周波数 f_0 は

$$f_0 = \frac{1}{2\pi\sqrt{LC}} \tag{3.102}$$

となる．式 (3.101) の条件が成り立つとき，つぎのような事実が得られる．

> ❖ ポイント 3.13 ❖　　直列共振
>
> 式 (3.101) の条件，すなわち
>
> $$\omega_0 = \frac{1}{\sqrt{LC}}$$
>
> が成り立つとき，複素インピーダンス $\boldsymbol{Z}$ は $\boldsymbol{Z} = R$ となり，RLC 直列回路のインピーダンスの大きさは最小になる．したがって，回路を流れる電流は最大値
>
> $$\boldsymbol{i}(t) = \frac{\boldsymbol{v}(t)}{R} \tag{3.103}$$
>
> をとる．このような現象を**直列共振**，**電圧共振**，あるいは単に**共振**（resonance）といい，ω_0 を**共振角周波数**という．このとき，複素インピーダンスは抵抗分しかなくなるので，電流（これは**共振電流**と呼ばれる）は電圧と同相になる．共振は，電気回路の重要な**周波数特性**（frequency characteristics）である．

図 3-13 に，ある RLC 直列回路に角周波数 ω の交流電圧を加えたときの電流の大きさ，リアクタンスの大きさ X，インピーダンスの大きさ $|\boldsymbol{Z}|$ などを示した．図において横軸は角周波数であり，この回路では $\omega = 1$〔rad/s〕のときに直列共振現象が起きている．この回路のリアクタンスは

$$X = \omega L - \frac{1}{\omega C}$$

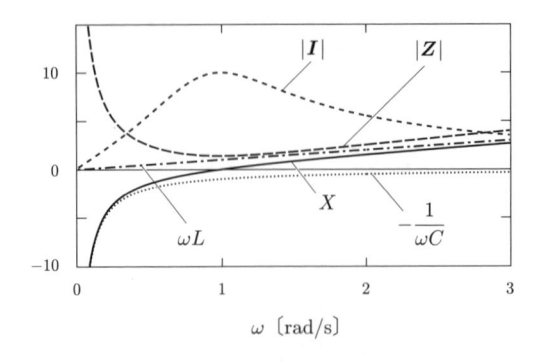

図 3-13 RLC 直列回路の周波数特性（$\omega = 1$ [rad/s] のとき直列共振している）

なので，図には ωL と $-1/\omega C$ も示してある．前者は角周波数 ω に比例しており（すなわち，直線），後者は ω に反比例している．両者の大きさがちょうど等しくなった $\omega = 1$ で共振が起き，そのときインピーダンスの大きさは最小となる．したがって，共振時には電流の大きさは最大値をとる．

いま，直列共振時における抵抗，インダクタ，キャパシタの端子の複素電圧をそれぞれ $\boldsymbol{v}_R(t)$, $\boldsymbol{v}_L(t)$, $\boldsymbol{v}_C(t)$ とすると，それらは次式を満たす．

$$\boldsymbol{v}_R(t) = R\boldsymbol{i}(t) = R\frac{\boldsymbol{v}(t)}{R} = \boldsymbol{v}(t) \tag{3.104}$$

$$\boldsymbol{v}_L(t) = j\omega_0 L \frac{\boldsymbol{v}(t)}{R} \tag{3.105}$$

$$\boldsymbol{v}_C(t) = \frac{1}{j\omega_0 C}\frac{\boldsymbol{v}(t)}{R} = -j\frac{\boldsymbol{v}(t)}{\omega_0 RC} \tag{3.106}$$

つぎに，共振条件

$$\omega_0 L = \frac{1}{\omega_0 C}$$

の両辺を R で割ったものを Q とおく．すなわち，

$$Q = \frac{\omega_0 L}{R} = \frac{1}{\omega_0 RC} \tag{3.107}$$

式 (3.107) を式 (3.105) と式 (3.106) に代入すると，次式が得られる．

$$\boldsymbol{v}_L(t) = jQ\boldsymbol{v}(t), \quad \boldsymbol{v}_C(t) = -jQ\boldsymbol{v}(t) \tag{3.108}$$

これらの式から，つぎのことがわかる．$v_L(t)$ は $v(t)$ に j を乗じて計算されている．複素平面上で j を乗じることは，位相を 90° 進ませることを意味する．一方，$v_C(t)$ は $v(t)$ に $-j$ を乗じて計算されているので，位相が 90° 遅れている．すなわち，$v_L(t)$ と $v_C(t)$ の位相は 180° 違っている．いま，1 周期は 360° なので，位相が 180° 異なることを，互いに**逆位相**であるという．したがって，直列共振時には，$v_L(t)$ と $v_C(t)$ は逆位相になっている．図 3-14 に正弦波の逆位相のイメージを示した．

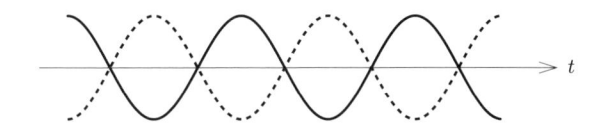

図 3-14 逆位相のイメージ——逆位相の正弦波を重ね合わせると，どの時刻においてもつねに 0 になる．音を音で消す技術であるアクティブノイズコントロールの基本原理でもある．

式 (3.108)（と図 3-14）より明らかなように，つねに

$$v_L(t) + v_C(t) = 0 \tag{3.109}$$

が成り立つ．

さらに，式 (3.107) より，次式が得られる．

$$\frac{\omega_0 L}{R} \cdot \frac{1}{\omega_0 RC} = Q^2$$

よって，つぎのポイントが得られる．

✤ ポイント 3.14 ✤ Q 値

次式で定義される量を回路の Q 値，あるいは共振の**尖鋭度** (sharpness) といい，共振回路に含まれる損失の目安を表す．

$$Q = \frac{1}{R}\sqrt{\frac{L}{C}} \tag{3.110}$$

Q 値は共振角周波数 ω_0 に依存しないことに注意する．

これより，$R=0$ のときは，Q は無限大となり，このとき**無損失** (lossless) であると言われる．

3.5.2　並列共振

図 3-15 に示した RLC 並列回路について考える．回路に印加する交流電流を

$$i(t) = \sqrt{2}I \sin \omega t$$

とする．例題 3.16 の結果から，この RLC 並列回路の複素インピーダンスは

$$Z = \frac{1}{Y} = \frac{1}{\frac{1}{R} + j\left(\omega C - \frac{1}{\omega L}\right)} \tag{3.111}$$

で与えられる．これより，

$$\omega C = \frac{1}{\omega L} \tag{3.112}$$

のとき，複素インピーダンスは R のみとなり，電流と電圧は同相になる．このとき，電圧は最大となる．この現象を**並列共振**，あるいは**電流共振**という．このときの角周波数を ω_0 とすると，これは

$$\omega_0 = \frac{1}{\sqrt{LC}} \tag{3.113}$$

で与えられ，これを前項と同様に共振角周波数と呼ぶ．

さて，直列共振の場合と同様に，

$$Q = \frac{\omega_0 L}{R} = \frac{1}{\omega_0 RC}$$

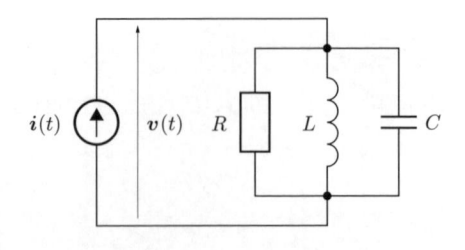

図 3-15　RLC 並列回路

とおく．また，共振時に，インダクタに流れる複素電流を $i_L(t)$，キャパシタに流れるそれを $i_C(t)$ とすると，それらは次式を満たす．

$$i_L(t) = \frac{R}{j\omega_0 L}i(t) = -j\frac{1}{Q}i(t) \tag{3.114}$$

$$i_C(t) = j\omega_0 CRi(t) = j\frac{1}{Q}i(t) \tag{3.115}$$

したがって，つねに次式が成り立つ．

$$i_L(t) + i_C(t) = \mathbf{0} \tag{3.116}$$

これより，並列共振時には，見かけ上，抵抗のみに電流が流れる．

例題 3.17

下図の回路において，端子 AB 間の複素インピーダンスを求めよ．また，求めた複素インピーダンスが抵抗分だけになるときの角周波数を求めよ．

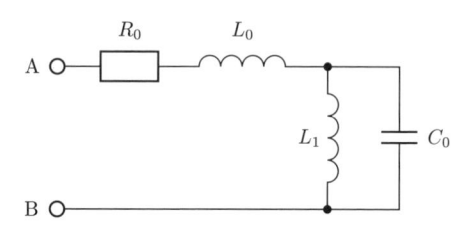

解答 まず，複素インピーダンスは次式のように計算できる．

$$R_0 + j\omega L_o + \cfrac{1}{\cfrac{1}{j\omega L_1} + j\omega C_0} = R_0 + j\omega L_o + \frac{j\omega L_1}{1 - \omega^2 L_1 C_0}$$

$$= R_0 + j\omega \frac{L_0 - \omega^2 L_0 L_1 C_0 + L_1}{1 - \omega^2 L_1 C_0}$$

上式で，分母が 0 のとき，インピーダンスの虚部は 0 となり，抵抗分だけとなる．よって，そのときの角周波数 ω_0 は次式を満たす．

$$\omega_0 = \sqrt{\frac{L_0 + L_1}{L_0 L_1 C_0}}$$

3.6　相互誘導回路の複素数表示

2.6 節で与えた相互誘導回路（図 3-16）について再び考える．この回路を記述する微分方程式は，

$$v_1(t) = L_1 \frac{di_1(t)}{dt} \pm M \frac{di_2(t)}{dt} \tag{3.117}$$

$$v_2(t) = L_2 \frac{di_2(t)}{dt} \pm M \frac{di_1(t)}{dt} \tag{3.118}$$

で与えられた．$v_1(t) \to \boldsymbol{v}_1(t)$, $v_2(t) \to \boldsymbol{v}_2(t)$, $i_1(t) \to \boldsymbol{i}_1(t)$, $i_2(t) \to \boldsymbol{i}_2(t)$ のように電圧と電流を複素表現すると，式 (3.117)，式 (3.118) はつぎのように変形される．

$$\boldsymbol{v}_1(t) = j\omega L_1 \boldsymbol{i}_1(t) \pm j\omega M \boldsymbol{i}_2(t) \tag{3.119}$$

$$\boldsymbol{v}_2(t) = j\omega L_2 \boldsymbol{i}_2(t) \pm j\omega M \boldsymbol{i}_1(t) \tag{3.120}$$

また，この式はベクトルと行列を用いて，つぎのように簡潔に表すこともできる．

$$\begin{bmatrix} \boldsymbol{v}_1(t) \\ \boldsymbol{v}_2(t) \end{bmatrix} = j\omega \begin{bmatrix} L_1 & \pm M \\ \pm M & L_2 \end{bmatrix} \begin{bmatrix} \boldsymbol{i}_1(t) \\ \boldsymbol{i}_2(t) \end{bmatrix} \tag{3.121}$$

図 3-16 の相互誘導回路の等価回路を図 3-17 に示した．

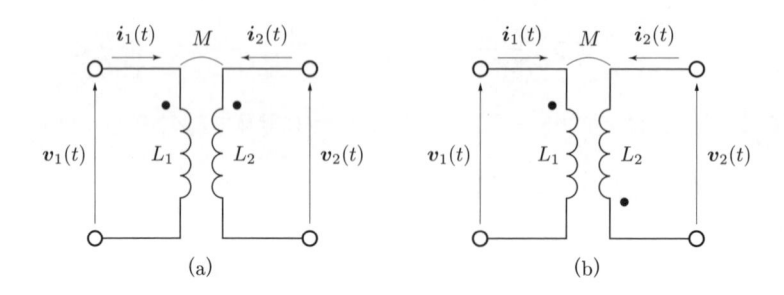

図 3-16　相互誘導回路

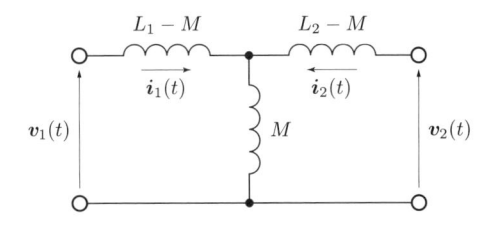

図 3-17　相互誘導回路の等価回路

例題 3.18

下図の回路において AB 間に角周波数が $\omega = 1/\sqrt{L_2 C}$ である交流電圧を加えたとき，AB 間の複素インピーダンスを求めよ．

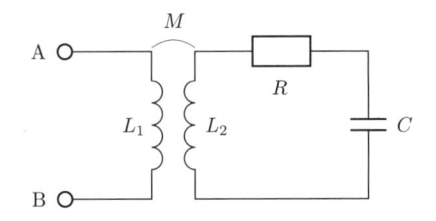

解答　図 3-17 の相互誘導回路の等価回路を用いて問題の回路を書き直すと，図 3-18 が得られる．

この図より，AB 間の複素インピーダンス Z は次式で与えられる．

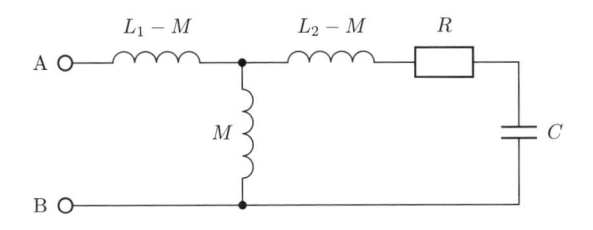

図 3-18　例題 3.18 の解法（回路の等価変換）

$$Z = j\omega(L_1 - M) + \cfrac{1}{\cfrac{1}{j\omega M} + \cfrac{1}{j\omega(L_2 - M) + R + \cfrac{1}{j\omega C}}} \tag{3.122}$$

いま，角周波数は次式を満たす．

$$\omega^2 = \frac{1}{L_2 C} \quad \text{あるいは} \quad \omega = \sqrt{\frac{1}{L_2 C}} \tag{3.123}$$

式 (3.123) を式 (3.122) の右辺第 2 項に代入すると，次式が得られる．

$$Z = j\omega(L_1 - M) + \cfrac{1}{\cfrac{1}{j\omega M} + \cfrac{1}{R - j\cfrac{M}{\omega L_2 C}}}$$

$$= j\omega(L_1 - M) + \frac{M^2}{L_2 RC} + j\omega M$$

$$= \frac{M^2}{L_2 RC} + j\omega L_1 = \frac{M^2}{L_2 RC} + j\frac{L_1}{\sqrt{L_2 C}}$$

3.7 電力の複素表現

回路に印加する交流電圧とそのとき流れる交流電流をそれぞれつぎのようにおく．

$$v(t) = \sqrt{2}V \sin(\omega t + \theta) \tag{3.124}$$

$$i(t) = \sqrt{2}I \sin(\omega t + \theta - \varphi) \tag{3.125}$$

これらをフェーザ表現すると，次式が得られる．

$$\boldsymbol{V} = V e^{j\theta} \tag{3.126}$$

$$\boldsymbol{I} = I e^{j(\theta - \varphi)} \tag{3.127}$$

これらを用いて電力を計算すると，

$$\boldsymbol{P}_c = \boldsymbol{V}\overline{\boldsymbol{I}} = VI e^{j\varphi} = VI(\cos\varphi + j\sin\varphi) \tag{3.128}$$

が得られる．この $\boldsymbol{P}_c$ は**複素電力**（complex power）と呼ばれる．ただし，$\overline{\boldsymbol{V}}$ は $\boldsymbol{V}$

の複素共役を表す．あるいは，

$$P_c = \overline{\boldsymbol{V}}\boldsymbol{I} = VIe^{-j\varphi} = VI(\cos\varphi - j\sin\varphi) \tag{3.129}$$

より計算することもできる．これよりつぎのポイントを得る．

> ❖ ポイント 3.15 ❖　複素電力
>
> 複素電力は次式で表される．
>
> $$\boldsymbol{P}_c = P_a \pm jP_r \tag{3.130}$$
>
> ただし，複素電力の実部は有効電力，虚部は無効電力である．すなわち，
>
> 有効電力： $P_a = VI\cos\varphi \tag{3.131}$
>
> 無効電力： $P_r = VI\sin\varphi \tag{3.132}$

さて，

$$\boldsymbol{V} = \boldsymbol{Z}\boldsymbol{I} \tag{3.133}$$

より，複素電力はつぎのように計算することもできる．

$$\boldsymbol{P}_c = \boldsymbol{V}\overline{\boldsymbol{I}} = \boldsymbol{Z}\boldsymbol{I}\overline{\boldsymbol{I}} = \boldsymbol{Z}|\boldsymbol{I}|^2 \tag{3.134}$$

いま，複素インピーダンス $\boldsymbol{Z}$ を

$$\boldsymbol{Z} = R \pm jX$$

とおくと，

$$\boldsymbol{P}_c = (R \pm jX)|\boldsymbol{I}|^2 = R|\boldsymbol{I}|^2 \pm jX|\boldsymbol{I}|^2 \tag{3.135}$$

が得られる．よって，

$$P_a = R|\boldsymbol{I}|^2, \quad P_r = X|\boldsymbol{I}|^2 \tag{3.136}$$

例題 3.19

ある回路における電圧と電流をそれぞれフェーザ表現したところ，$50e^{j\theta}$〔V〕，$4e^{j(\theta-\pi/6)}$〔A〕であった．このとき，以下の値を求めよ．

(1) 複素電力 $\boldsymbol{P}_c$
(2) 有効電力 P_a
(3) 無効電力 P_r
(4) 力率 $\cos\varphi$

解答

(1) $\boldsymbol{P}_c = \boldsymbol{V}\overline{\boldsymbol{I}} = 200e^{\pi/6} = 100(\sqrt{3}+j)$〔W〕
(2) $P_a = VI\cos\varphi = 100\sqrt{3}$〔W〕
(3) $P_r = VI\sin\varphi = 100$〔Var〕
(4) $\cos\varphi = \sqrt{3}/2$

例題 3.20

ある回路にフェーザ表現が $\boldsymbol{V} = 100 + j50$〔Ω〕である電圧を印加したところ，回路に流れた電流のフェーザ表現は $\boldsymbol{I} = 3 - j4$〔A〕であった．このとき，以下の問いに答えよ．

(1) 電圧と電流の実効値を求めよ．
(2) 皮相電力を求めよ．
(3) 複素電力 $\boldsymbol{P}_c$ を求めよ．
(4) この回路で消費される電力 P_a を求めよ．
(5) この回路の力率を求めよ．

解答

(1) 電圧と電流の実効値はそれぞれ次式となる．

$$|V| = 50\sqrt{5}\,[\mathrm{V}], \quad |I| = 5\,[\mathrm{A}]$$

(2) 皮相電力は電圧と電流の実効値の積なので，次式より計算できる．

$$50\sqrt{5} \times 5 = 250\sqrt{5}\,[\mathrm{VA}]$$

(3) $P_c = \overline{V}I = 100 - j550\,[\mathrm{W}]$

(4) 消費電力は有効電力 P_a に等しいので，(3) で求めた有効電力の実部をとればよい．よって，

$$P_a = 100\,[\mathrm{W}]$$

(5) 力率 $= \dfrac{\text{有効電力}}{\text{皮相電力}} = \dfrac{100}{250\sqrt{5}} \approx 0.179$ なので，力率は 17.9 % である．

演習問題

3-1 つぎの複素数を極座標表現に変換せよ．

(1) $1 + j$

(2) $\sqrt{2} + j\sqrt{6}$

3-2 θ を実数とするとき，次式が成り立つことを示せ．

(1) $|e^{j\theta}| = 1$

(2) $e^{-j\theta} = \dfrac{1}{e^{j\theta}}$

3-3 $z_1 = 1 - j\sqrt{3},\ z_2 = 2e^{-j\frac{\pi}{6}}$ とする．

(1) z_1 を極座標表現で表せ．

(2) $z_1 + z_2$ を極座標表現で表せ．

3-4 下図の複素平面中に z_1/z_2 と $\sqrt[4]{z_1}$ を示せ．

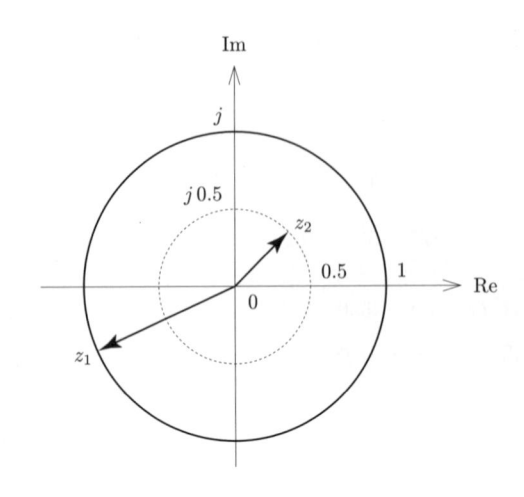

3-5 RL 直列回路に実効値が 100 V の交流電圧を印加した．ただし，$L = 1/4\pi$ 〔H〕，$R = \sqrt{3}/6$ 〔Ω〕，角周波数 $\omega = 2\pi$ 〔rad/s〕とする．このとき，以下の問いに答えよ．
(1) 回路に流れる電流の実効値を求めよ．
(2) このとき，電流の位相は電圧に比べてどれだけ進んでいるか，あるいは遅れているか．

3-6 複素インピーダンスが $2 - j$ 〔Ω〕である回路に対してフェーザ表現が $5 + j5$ 〔V〕である電圧を印加した．このとき，以下の問いに答えよ．かっこ内は正しいものを選択せよ．
(1) 回路に流れる電流のフェーザ表現を求めよ．
(2) このとき，電流は電圧に対し位相が $\boxed{(26.6° \cdot 47.7° \cdot 78.7°)}$ $\boxed{(進んで・遅れて)}$ いる．

3-7 下図の回路にフェーザ表現が $V = 250\angle 0°$ [V] である正弦波電圧を印加した．このとき，以下の問いに答えよ．ただし，$L = 15$ [mH]，$C = 50$ [μF]，$R = 20$ [Ω]，$\omega = 2000$ [rad/s] とする．

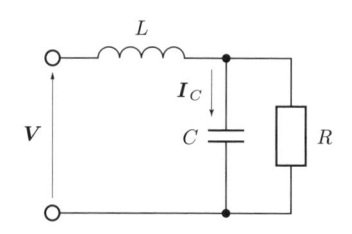

(1) 回路の複素インピーダンスを求めよ．
(2) キャパシタ C に流れる電流のフェーザ表現 I_C を求めよ．
(3) (2) で求めた電流の実効値を求めよ．

3-8 下図の回路について以下の問いに答えよ．ただし，$L_1 = 10$ [mH]，$R_1 = 200$ [Ω]，$C = 2$ [μF]，$L_2 = 20$ [mH]，$R_2 = 100$ [Ω]，$V = 37 + j37$ [V]，電源角周波数 ω は 5000 rad/s とする．

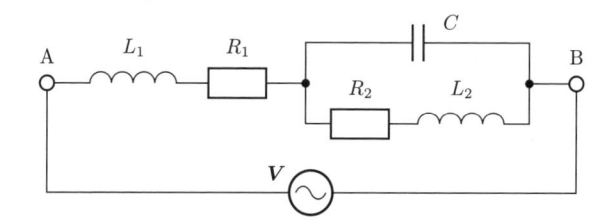

(1) 電圧 V の瞬時値 $v(t)$ を，sin 関数を用いて表せ．
(2) AB 間の複素インピーダンスを求めよ．
(3) 抵抗 R_2 に流れる電流 i_{R_2} の位相は，抵抗 R_1 に流れる電流 i_{R_1} に比べてどれほど進んでいるか，あるいは遅れているか．
(4) この回路に供給される複素電力と有効電力を求めよ．

第4章

回路網の解析

本章では，複雑な回路を含んだ，より一般的な回路網を扱う二つの方法，すなわち，ループ解析とノード解析について解説する[1]．これらの方法では，回路網をグラフ表現することによって解析を行う．本章で用いる数学は，前章までとは異なり，ベクトルと行列演算に代表される線形代数である．数学の授業で線形代数を学んだときには，「いったい線形代数はどんなところに使うのだろうか」と不思議に思った読者も多いかもしれない．しかし，線形代数なしには回路網の解析を行うことはできない．

4.1 ループ解析

まず，**回路網**（circuit network，図 4-1）を**グラフ**（graph）表現するときの基本的な用語をまとめておこう[2]．図 4-1 の回路網を図 4-2 のように，抵抗のような具体的な素子を描かず，点と線の結合だけで表現したものを回路網の**グラフ表現**という．図において，三角形の辺と辺が交わる点は**ノード**（node）と呼ばれ，**節点**

---

[1] ループ解析（loop analysis）は「閉路解析」あるいは「環路解析」と訳され，ノード解析（node analysis）は「節点解析」と訳される．「ループ」と「ノード」という単語はカタカナ英語として定着しているので，本書では「ループ解析」と「ノード解析」という用語を用いた．

[2] このうちのいくつかは第 1 章ですでに与えたが，もう一度示しておく．

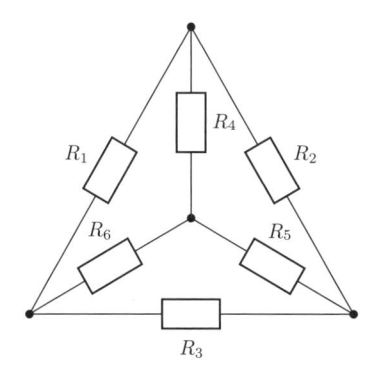

図 4-1 回路網の一例

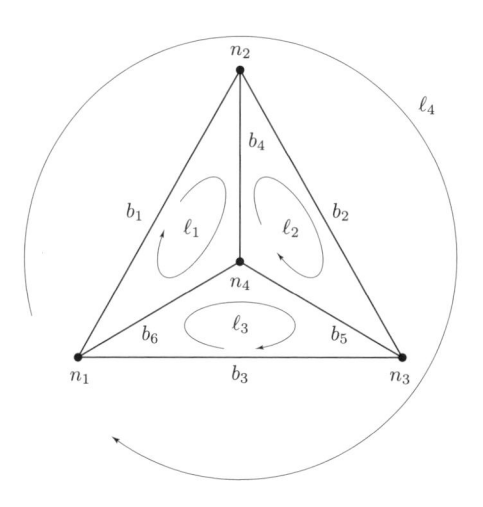

図 4-2 回路網のグラフ

と訳される．図 4-2 ではノードは四つあり，それぞれを n_1, n_2, n_3, n_4 と表記した．また，あるノードから出発してそのノードに戻る路（みち，path）は**ループ**（loop）と呼ばれ，**閉路**あるいは**環路**と訳される．図 4-2 ではループは四つあり，それぞれを ℓ_1, ℓ_2, ℓ_3, ℓ_4 と表記した．さらに，ノードとノードを結ぶ線分は**ブランチ**（branch）と呼ばれ，「枝路」あるいは「枝」と訳される．図 4-2 ではブランチは六つあり，それぞれを $b_1 \sim b_6$ と表記した．

4.1.1 回路のグラフ表現

図 4-1 に示した回路網のグラフ表現を図 4-3 (a) に示した．この図ではノード間の電位差を表記した．図示したように，この回路網には四つのループがある．そこで，それぞれのループに対してキルヒホッフの電圧則を適用する．

> ❖ 復習 4.1 ❖ キルヒホッフの電圧則 (KVL)
> 任意のループの電位差の代数和は，あらゆる瞬間において 0 である．

すると，つぎの四つの方程式が得られる．

$$\ell_1 : V_1 + V_4 + V_6 = 0 \tag{4.1}$$

$$\ell_2 : V_2 - V_5 - V_4 = 0 \tag{4.2}$$

$$\ell_3 : V_5 + V_3 - V_6 = 0 \tag{4.3}$$

$$\ell_4 : V_1 + V_2 + V_3 = 0 \tag{4.4}$$

いま，式 (4.1) + 式 (4.2) + 式 (4.3) = 式 (4.4) なので，独立なループは四つではなく，この場合には三つである．そこで，ここではループ $\ell_1 \sim \ell_3$ を選ぶと，次式のような行列・ベクトル方程式が得られる．

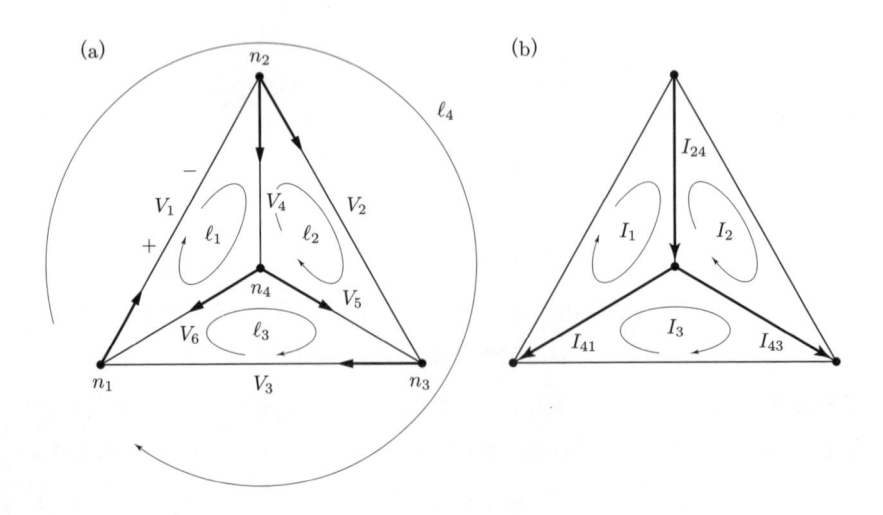

図 4-3 ループ解析

$$\begin{bmatrix} 1 & 0 & 0 & 1 & 0 & 1 \\ 0 & 1 & 0 & -1 & -1 & 0 \\ 0 & 0 & 1 & 0 & 1 & -1 \end{bmatrix} \begin{bmatrix} V_1 \\ V_2 \\ V_3 \\ V_4 \\ V_5 \\ V_6 \end{bmatrix} = \begin{bmatrix} 0 \\ 0 \\ 0 \end{bmatrix} \tag{4.5}$$

これは**ループ方程式**と呼ばれ，次式のように簡潔に表現することができる．

$$\boldsymbol{Bv} = \boldsymbol{0} \tag{4.6}$$

ただし，

$$\boldsymbol{B} = \begin{bmatrix} 1 & 0 & 0 & 1 & 0 & 1 \\ 0 & 1 & 0 & -1 & -1 & 0 \\ 0 & 0 & 1 & 0 & 1 & -1 \end{bmatrix}, \quad \boldsymbol{v} = \begin{bmatrix} V_1 \\ V_2 \\ V_3 \\ V_4 \\ V_5 \\ V_6 \end{bmatrix}, \quad \boldsymbol{0} = \begin{bmatrix} 0 \\ 0 \\ 0 \end{bmatrix}$$

とおいた．ここで，$\boldsymbol{B}$ をループ行列，$\boldsymbol{v}$ を電圧ベクトルという[3]．

図 4-3 の回路網には四つのループがあり，そのうちの三つが独立なループであるが，一般的にはつぎの定理が成り立つ．

> ❖ ポイント 4.1 ❖ 独立なループの数
>
> 回路網が m 個のブランチと n 個のノードを有するとき，独立なループの数を ℓ とすると，これは次式を満足する．
>
> $$\ell = m - n + 1 \tag{4.7}$$

この定理は，グラフ理論と呼ばれる数学を用いて導出されたものであるが，ここではこの証明は省略する．

この定理を図 4-3 の回路網に適用すると，$n = 4$, $m = 6$ より，

---

[3] 本章では，太文字を用いて行列やベクトルを表記する．前章の複素電圧表現やフェーザ表現と紛らわしいが，ご容赦いただきたい．

$$\ell = 6 - 4 + 1 = 3$$

が得られ，独立なループが3個であることが確かめられた．

さて，図 4-3 (a) において，ループ ℓ_1 には電流 I_1 が，ループ ℓ_2 には電流 I_2 が，ループ ℓ_3 には電流 I_3 が流れていると仮定すると，図 4-3 (b) が得られる．それらの電流を**ループ電流**と呼ぶ．ループ電流は，回路網の解析を容易にするために仮想的に導入されたものであり，たとえば，ノード n_2 からノード n_4 に実際に流れる電流（これは枝路電流と呼ばれる）I_{24} は，

$$I_{24} = I_1 - I_2$$

であることに注意する．同様に，次式が成り立つ．

$$I_{43} = I_3 - I_2, \quad I_{41} = I_1 - I_3$$

4.1.2　ループ解析による回路網のインピーダンス表現

ループ解析による回路網のインピーダンス表現について，例題を用いて説明していこう．

例題 4.1

下図に示した回路網にキルヒホッフの電圧則を適用して，ループ方程式を導出せよ．

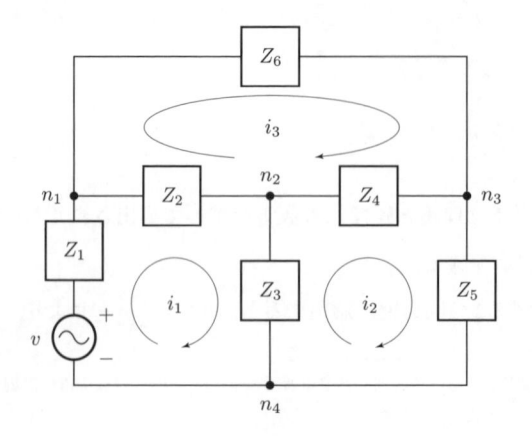

解答 図をじっくり眺めていると，図 4-1 と同じ接続関係[4]の回路網であることがわかるだろう．したがって，この図は図 4-1 のときと同じグラフ（図 4-2）で表現でき，独立なループは三つである．そこで，図に示したように，ループ $\ell_1 \sim \ell_3$ にそれぞれ電流 $i_1 \sim i_3$ が流れているとすると，キルヒホッフの電圧則から次式が得られる．

$$\ell_1 : Z_1 i_1 + Z_2(i_1 - i_3) + Z_3(i_1 - i_2) = v \tag{4.8}$$

$$\ell_2 : Z_3(i_2 - i_1) + Z_4(i_2 - i_3) + Z_5 i_2 = 0 \tag{4.9}$$

$$\ell_3 : Z_6 i_3 + Z_4(i_3 - i_2) + Z_2(i_3 - i_1) = 0 \tag{4.10}$$

本来は，電流や電圧の瞬時値を $i_1(t)$ のように表記すべきであるが，表示が煩雑になるため，これ以降 (t) を省略して i_1 のように表す．

式 (4.8)〜(4.10) を整理すると，次式が得られる．

$$(Z_1 + Z_2 + Z_3)i_1 - Z_3 i_2 - Z_2 i_3 = v$$

$$-Z_3 i_1 + (Z_3 + Z_4 + Z_5)i_2 - Z_4 i_3 = 0$$

$$-Z_2 i_1 - Z_4 i_2 + (Z_2 + Z_4 + Z_6)i_3 = 0$$

この連立方程式を行列・ベクトルを使って簡潔に表現すると，次式が得られる．

$$\begin{bmatrix} Z_1 + Z_2 + Z_3 & -Z_3 & -Z_2 \\ -Z_3 & Z_3 + Z_4 + Z_5 & -Z_4 \\ -Z_2 & -Z_4 & Z_2 + Z_4 + Z_6 \end{bmatrix} \begin{bmatrix} i_1 \\ i_2 \\ i_3 \end{bmatrix} = \begin{bmatrix} v \\ 0 \\ 0 \end{bmatrix} \tag{4.11}$$

いま，

$$\boldsymbol{Z} = \begin{bmatrix} Z_1 + Z_2 + Z_3 & -Z_3 & -Z_2 \\ -Z_3 & Z_3 + Z_4 + Z_5 & -Z_4 \\ -Z_2 & -Z_4 & Z_2 + Z_4 + Z_6 \end{bmatrix}$$

$$\boldsymbol{i} = \begin{bmatrix} i_1 \\ i_2 \\ i_3 \end{bmatrix}, \quad \boldsymbol{v} = \begin{bmatrix} v \\ 0 \\ 0 \end{bmatrix}$$

---

[4]. このことをグラフ理論ではトポロジー（topology，位相）が同じであるという．なお，同じ単語を用いているが，複素数のときに登場した「位相」は "phase" の訳であり，別のものである．

とおくと，式 (4.11) はつぎのようになる．

$$Zi = v \tag{4.12}$$

この式は，

$$(\text{インピーダンス}) \times (\text{電流}) = (\text{電圧})$$

という形式をしており，これはこれまでに勉強してきた RL 回路，RC 回路などのときに成立してきた一般的な関係式である．唯一異なるのは，考慮する関係式が複数個存在するため，これまでのスカラ方程式の代わりに，連立方程式になった点である．しかしながら，行列やベクトルを利用することによって，スカラ方程式の場合と同様に記述することができた．

ここで，式 (4.12) を回路網の**インピーダンス表現**といい，Z を**インピーダンス行列** (impedance matrix) という．いま，インピーダンス行列は 3×3 行列なので，

$$
\begin{aligned}
Z &= \begin{bmatrix} Z_{11} & Z_{12} & Z_{13} \\ Z_{21} & Z_{22} & Z_{23} \\ Z_{31} & Z_{32} & Z_{33} \end{bmatrix} \\
&= \begin{bmatrix} Z_1 + Z_2 + Z_3 & -Z_3 & -Z_2 \\ -Z_3 & Z_3 + Z_4 + Z_5 & -Z_4 \\ -Z_2 & -Z_4 & Z_2 + Z_4 + Z_6 \end{bmatrix}
\end{aligned}
$$

のように記述することができる．ここで，インピーダンス行列の対角要素

$$Z_{11} = Z_1 + Z_2 + Z_3$$
$$Z_{22} = Z_3 + Z_4 + Z_5$$
$$Z_{33} = Z_2 + Z_4 + Z_6$$

を**自己インピーダンス** (auto-impedance) といい，非対角要素

$$Z_{12} = Z_{21} = -Z_3$$
$$Z_{13} = Z_{31} = -Z_2$$
$$Z_{23} = Z_{32} = -Z_4$$

を相互インピーダンス（cross-impedance）という．このとき，行列 Z は対称行列であることに注意する．

また，インピーダンス行列の逆行列

$$Y = Z^{-1}$$

をアドミタンス行列（admittance matrix）という．

回路網をグラフ表現し，キルヒホッフの電圧則に基づいてそのインピーダンス表現を求めることを**ループ解析**（閉路解析）という．

4.1.3 クラーメルの公式

式 (4.12) において，通常，インピーダンス行列 Z と電圧ベクトル v は既知であり，回路網を流れる電流よりなる電流ベクトル i を求めることが問題となる．式 (4.12) は，数値解析問題において最も基本的な問題である連立 1 次方程式の解法問題である．そのため，さまざまな解法が存在するが，最も直接的な解法は Z の逆行列を両辺の左から乗ずる方法であろう．すなわち，

$$i = Z^{-1}v \tag{4.13}$$

しかしながら，以下では逆行列を用いずに解を求めることができるクラーメルの公式による解法について説明する．

次式で与えられる一般的な場合について考えていこう．

$$Ax = b \tag{4.14}$$

ここで，A と b は既知で，x は未知である．これを要素ごとに書くと，

$$\begin{bmatrix} a_{11} & a_{12} & \cdots & a_{1n} \\ a_{21} & a_{22} & \cdots & a_{2n} \\ \vdots & \vdots & \ddots & \vdots \\ a_{n1} & a_{n2} & \cdots & a_{nn} \end{bmatrix} \begin{bmatrix} x_1 \\ x_2 \\ \vdots \\ x_n \end{bmatrix} = \begin{bmatrix} b_1 \\ b_2 \\ \vdots \\ b_n \end{bmatrix} \tag{4.15}$$

が得られる．行列 A の逆行列を用いると，x は次式から求められる．

$$x = A^{-1}b \tag{4.16}$$

この式を要素ごとに書くと，次式が得られる．

$$\begin{bmatrix} x_1 \\ x_2 \\ \vdots \\ x_n \end{bmatrix} = \frac{1}{\det \boldsymbol{A}} \begin{bmatrix} A_{11} & A_{21} & \cdots & A_{n1} \\ A_{12} & A_{22} & \cdots & A_{n2} \\ \vdots & \vdots & \ddots & \vdots \\ A_{1n} & A_{2n} & \cdots & A_{nn} \end{bmatrix} \begin{bmatrix} b_1 \\ b_2 \\ \vdots \\ b_n \end{bmatrix} \tag{4.17}$$

ただし，$\det \boldsymbol{A}$ は行列 $\boldsymbol{A}$ の行列式である．すなわち，

$$\det \boldsymbol{A} = \begin{vmatrix} a_{11} & a_{12} & \cdots & a_{1n} \\ a_{21} & a_{22} & \cdots & a_{2n} \\ \vdots & \vdots & \ddots & \vdots \\ a_{n1} & a_{n2} & \cdots & a_{nn} \end{vmatrix}$$

また，A_{ij} は**余因子**と呼ばれ，次式で与えられる．

$$A_{ij} = (-1)^{i+j} \det \boldsymbol{A}^{ij}$$

ここで，$\boldsymbol{A}^{ij}$ は行列 $\boldsymbol{A}$ の i 行 j 列を取り除いた行列である．以上より，

$$\begin{aligned} x_i &= \frac{1}{\det \boldsymbol{A}} \left(A_{1i} b_1 + A_{2i} b_2 + \cdots + A_{ni} b_n \right) \\ &= \frac{1}{\det \boldsymbol{A}} \begin{vmatrix} a_{11} & a_{12} & \cdots & b_1 & \cdots & a_{1n} \\ a_{21} & a_{22} & \cdots & b_2 & \cdots & a_{2n} \\ \vdots & \vdots & & \vdots & & \vdots \\ a_{n1} & a_{n2} & \cdots & b_n & \cdots & a_{nn} \end{vmatrix} \end{aligned} \tag{4.18}$$

が得られる．このように x_i を求めるときには，i 列目の要素 a_{ni} を b_i で置き換えたものの行列式を計算することによって，逆行列を陽に計算することなく連立1次方程式を解くことができる．この方法を**クラーメルの公式**（Cramer's formula）という．

例題 4.2

つぎの連立方程式をクラーメルの公式を用いて解け．

$$\begin{cases} x_1 + 3x_2 = 0 \\ 2x_1 + 4x_2 = 6 \end{cases}$$

解答 連立方程式を行列を用いて書き直すと，次式が得られる．

$$\begin{bmatrix} 1 & 3 \\ 2 & 4 \end{bmatrix} \begin{bmatrix} x_1 \\ x_2 \end{bmatrix} = \begin{bmatrix} 0 \\ 6 \end{bmatrix}$$

この場合,

$$\boldsymbol{A} = \begin{bmatrix} 1 & 3 \\ 2 & 4 \end{bmatrix}$$

である．まず，$\det \boldsymbol{A} = -2$ である．つぎに，クラーメルの公式を適用することにより，解が得られる．

$$x_1 = \frac{1}{-2} \begin{vmatrix} 0 & 3 \\ 6 & 4 \end{vmatrix} = \frac{-18}{-2} = 9$$

$$x_2 = \frac{1}{-2} \begin{vmatrix} 1 & 2 \\ 0 & 6 \end{vmatrix} = \frac{6}{-2} = -3$$

4.2 ノード解析

前節では回路網内のループに着目し，キルヒホッフの電圧則に基づく解析法であるループ解析について説明したが，本節では，回路内のノードに着目したキルヒホッフの電流則に基づくノード解析法について説明する．

図 4-1 の回路網について再び考える．この回路のグラフを図 4-4 に示した．ここで，回路を流れる電流の向きを図中に示した．

本節で説明するノード解析の基本は**キルヒホッフの電流則**（KCL）であるので，これについて簡単に復習しておこう．

> ❖ 復習 4.2 ❖ **キルヒホッフの電流則**
> 任意のノードに流入する電流の代数和は，あらゆる瞬間において 0 である．

ノードから流出する電流を正にとり，ノード $n_1 \sim n_4$ に対して，キルヒホッフ

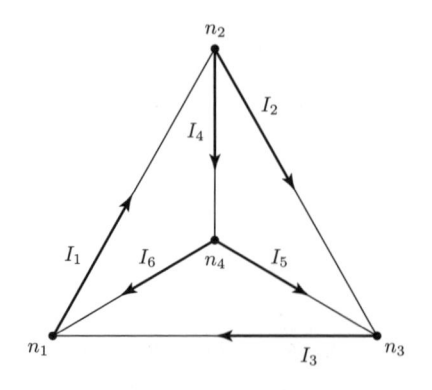

図 4-4 回路網のグラフ

の電流則を適用すると，次式が得られる．

$$n_1: I_1 - I_3 - I_6 = 0 \tag{4.19}$$
$$n_2: -I_1 + I_2 + I_4 = 0 \tag{4.20}$$
$$n_3: -I_2 + I_3 - I_5 = 0 \tag{4.21}$$
$$n_4: -I_4 + I_5 + I_6 = 0 \tag{4.22}$$

いま，式 (4.19) + 式 (4.20) + 式 (4.21) = − 式 (4.22) が成り立つので，四つの方程式は独立ではなく，この場合，独立な方程式は 3 本である．そこで，式 (4.19) 〜 (4.21) をまとめて行列・ベクトル表現すると，

$$\begin{bmatrix} 1 & 0 & -1 & 0 & 0 & -1 \\ -1 & 1 & 0 & 1 & 0 & 0 \\ 0 & -1 & 1 & 0 & -1 & 0 \end{bmatrix} \begin{bmatrix} I_1 \\ I_2 \\ I_3 \\ I_4 \\ I_5 \\ I_6 \end{bmatrix} = \begin{bmatrix} 0 \\ 0 \\ 0 \end{bmatrix} \tag{4.23}$$

が得られる．これは**ノード方程式**と呼ばれ，次式のように簡潔に表現することができる．

$$Ai = 0 \tag{4.24}$$

ただし，

$$A = \begin{bmatrix} 1 & 0 & -1 & 0 & 0 & -1 \\ -1 & 1 & 0 & 1 & 0 & 0 \\ 0 & -1 & 1 & 0 & -1 & 0 \end{bmatrix}, \quad i = \begin{bmatrix} I_1 \\ I_2 \\ I_3 \\ I_4 \\ I_5 \\ I_6 \end{bmatrix}, \quad \mathbf{0} = \begin{bmatrix} 0 \\ 0 \\ 0 \end{bmatrix}$$

とおいた．ここで，A を接続行列（incidence matrix），i を電流ベクトルという．

例題 4.3

下図に示す回路をノード解析することによってノード方程式を導出せよ．

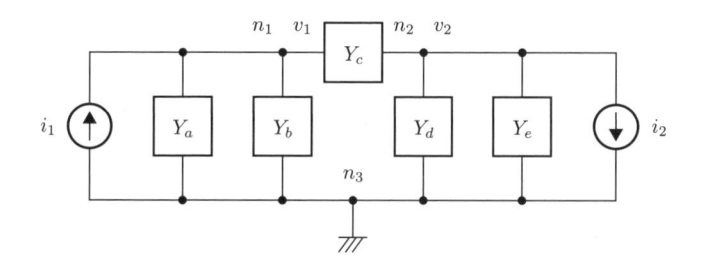

【注意】図において，ノード n_3 の下に書いてある記号は，「接地」（アース）を表す．この点における電位が 0 V となる．

解答 ノードに流入する電流を正として，それぞれのノードに対してキルヒホッフの電流則を適用すると，次式が得られる．

$$n_1 : Y_a v_1 + Y_b v_1 + Y_c(v_1 - v_2) = i_1 \tag{4.25}$$

$$n_2 : Y_c(v_2 - v_1) + Y_d v_2 + Y_e v_2 = -i_2 \tag{4.26}$$

$$n_3 : -Y_a v_1 - Y_b v_1 - Y_d v_2 - Y_e v_2 = -i_1 + i_2 \tag{4.27}$$

いま，式 (4.25) + 式 (4.26) = − 式 (4.27) なので，式 (4.25) と式 (4.26) のみを考えると，次式を得る．

$$(Y_a + Y_b + Y_c)v_1 - Y_c v_2 = i_1 \tag{4.28}$$

$$-Y_c v_1 + (Y_c + Y_d + Y_e)v_2 = -i_2 \tag{4.29}$$

この連立方程式を行列・ベクトルを用いて表現すると,

$$\begin{bmatrix} Y_a + Y_b + Y_c & -Y_c \\ -Y_c & Y_c + Y_d + Y_e \end{bmatrix} \begin{bmatrix} v_1 \\ v_2 \end{bmatrix} = \begin{bmatrix} i_1 \\ -i_2 \end{bmatrix} \tag{4.30}$$

が得られる.これは,つぎのように簡潔に記述できる.

$$\boldsymbol{Y}\boldsymbol{v} = \boldsymbol{i} \tag{4.31}$$

ただし,

$$\boldsymbol{v} = \begin{bmatrix} v_1 \\ v_2 \end{bmatrix}, \quad \boldsymbol{i} = \begin{bmatrix} i_1 \\ -i_2 \end{bmatrix}$$

とおいた.また,$\boldsymbol{Y}$ はアドミタンス行列(admittance matrix)と呼ばれ,その要素は次式で与えられる.

$$\boldsymbol{Y} = \begin{bmatrix} Y_a + Y_b + Y_c & -Y_c \\ -Y_c & Y_c + Y_d + Y_e \end{bmatrix} = \begin{bmatrix} Y_{11} & Y_{12} \\ Y_{21} & Y_{22} \end{bmatrix} \tag{4.32}$$

このとき,アドミタンス行列 $\boldsymbol{Y}$ の対角要素,すなわち,

$$Y_{11} = Y_a + Y_b + Y_c$$
$$Y_{22} = Y_c + Y_d + Y_e$$

は,**自己アドミタンス**(auto-admittance)と呼ばれ,非対角要素,すなわち,

$$Y_{12} = Y_{21} = -Y_c$$

は,**相互アドミタンス**(cross-admittance)と呼ばれる.

例題 4.4

下図に示す回路をノード解析することによってノード方程式を導出せよ．

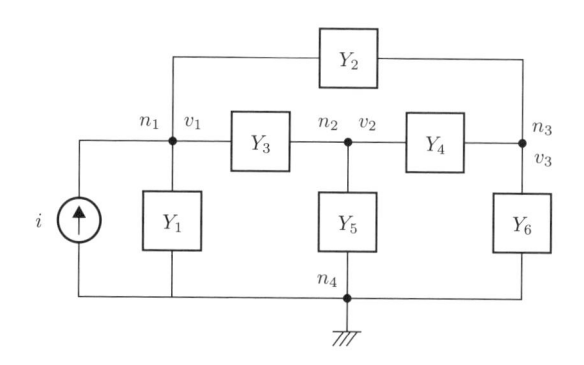

解答 それぞれのノードに対してキルヒホッフの電流則を適用すると，

$$n_1: Y_1 v_1 + Y_3(v_1 - v_2) + Y_2(v_1 - v_3) = i \tag{4.33}$$

$$n_2: Y_5 v_2 + Y_3(v_2 - v_1) + Y_4(v_2 - v_3) = 0 \tag{4.34}$$

$$n_3: Y_6 v_3 + Y_4(v_3 - v_2) + Y_2(v_3 - v_1) = 0 \tag{4.35}$$

が得られる．これらを整理すると，次式を得る．

$$(Y_1 + Y_2 + Y_3)v_1 - Y_3 v_2 - Y_2 v_3 = i \tag{4.36}$$

$$-Y_3 v_1 + (Y_3 + Y_4 + Y_5)v_2 - Y_4 v_3 = 0 \tag{4.37}$$

$$-Y_2 v_1 - Y_4 v_2 + (Y_2 + Y_4 + Y_6)v_3 = 0 \tag{4.38}$$

この連立方程式を行列・ベクトルを用いて表現すると，次式が得られる．

$$\begin{bmatrix} Y_1 + Y_2 + Y_3 & -Y_3 & -Y_2 \\ -Y_3 & Y_3 + Y_4 + Y_5 & -Y_4 \\ -Y_2 & -Y_4 & Y_2 + Y_4 + Y_6 \end{bmatrix} \begin{bmatrix} v_1 \\ v_2 \\ v_3 \end{bmatrix} = \begin{bmatrix} i \\ 0 \\ 0 \end{bmatrix} \tag{4.39}$$

これは，つぎのように簡潔に記述できる．

$$\boldsymbol{Y}\boldsymbol{v} = \boldsymbol{i} \tag{4.40}$$

ただし，

$$Y = \begin{bmatrix} Y_1+Y_2+Y_3 & -Y_3 & -Y_2 \\ -Y_3 & Y_3+Y_4+Y_5 & -Y_4 \\ -Y_2 & -Y_4 & Y_2+Y_4+Y_6 \end{bmatrix}$$

$$\bm{v} = \begin{bmatrix} v_1 \\ v_2 \\ v_3 \end{bmatrix}, \quad \bm{i} = \begin{bmatrix} i \\ 0 \\ 0 \end{bmatrix}$$

とおいた．

最後に，ループ解析とノード解析について表 4-1 にまとめた．

表 4-1 ループ解析とノード解析

ループ解析	ノード解析
キルヒホッフの電圧則（KVL）	キルヒホッフの電流則（KCL）
インピーダンス表現	アドミタンス表現
$\bm{Zi} = \bm{v}$	$\bm{Yv} = \bm{i}$
電流（$\bm{i}$）が未知	電圧（$\bm{v}$）が未知

4.3　例題

これまで本章で学んできたことについて，例題を解くことによって理解を深めよう．

例題 4.5

下図の回路網について考える．図において電圧 v_1 のフェーザ表現 V_1 を求めよ．ただし，電流源 i_1, i_2 のフェーザ表現はそれぞれ $I_1 = 100\angle 0$, $I_2 = 100\angle \pi/2$ である．なお，回路内の素子の値は非現実的なものであることに注意する．

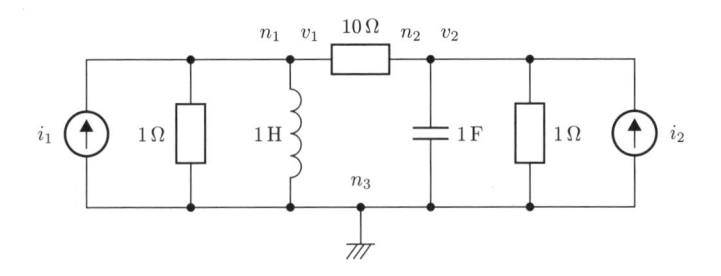

解答　回路内の電圧を求める問題なので，表 4-1 よりノード解析を適用する．回路をアドミタンス形式で統一して表現すると，与えられた回路網は図 4-5 の回路網に等価変換できる．ただし，それぞれの複素アドミタンスは次式のように計

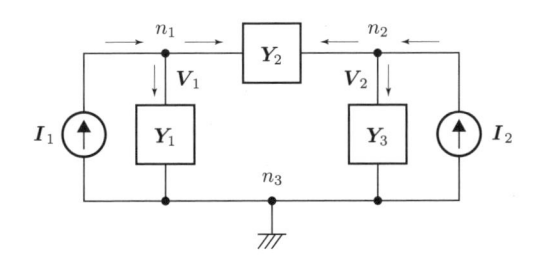

図 4-5　例題 4.5 の解法（回路の等価変換）

算される．

$$Y_1 = \frac{1}{1} + \frac{1}{j1} = 1-j, \quad Y_2 = \frac{1}{10} = 0.1, \quad Y_3 = \frac{1}{1} + \frac{1}{-j1} = 1+j$$

また，電流源のフェーザ表現を直交座標表現に変換しておく．

$$I_1 = 100\angle 0 = 100, \quad I_2 = 100\angle \pi/2 = j100$$

以上の準備のもとで，図 4-5 のノード n_1 と n_2 におけるノード方程式をフェーザ表現で記述すると，つぎのようになる．

$$n_1 : Y_1 V_1 + Y_2(V_1 - V_2) = I_1$$
$$n_2 : Y_3 V_2 + Y_2(V_2 - V_1) = I_2$$

ここで，それぞれのノードにおける電流の向きを図 4-5 中に矢印で示した．これらの式を行列・ベクトル形式でまとめると，

$$\begin{bmatrix} Y_1 + Y_2 & -Y_2 \\ -Y_2 & Y_2 + Y_3 \end{bmatrix} \begin{bmatrix} V_1 \\ V_2 \end{bmatrix} = \begin{bmatrix} I_1 \\ I_2 \end{bmatrix}$$

が得られる．具体的な数値を代入すると，次式が得られる．

$$\begin{bmatrix} 1.1-j & -0.1 \\ -0.1 & 1.1+j \end{bmatrix} \begin{bmatrix} V_1 \\ V_2 \end{bmatrix} = \begin{bmatrix} 100 \\ j100 \end{bmatrix}$$

いま，上式左辺の行列の行列式は，

$$\Delta = (1.1-j)(1.1+j) - 0.1^2 = 2.2$$

なので，クラーメルの公式より次式が得られる．

$$V_1 = \frac{1}{2.2} \begin{bmatrix} 100 & -0.1 \\ j100 & 1.1+j \end{bmatrix} = 50 + j50 \approx 70.7 \angle \pi/4 \; [\mathrm{V}]$$

例題 4.6

下図の回路網について考える．図中の電圧 v_1 のフェーザ表現 $\boldsymbol{V}_1$ を求めよ．ただし，電圧源 v_1 と電流源 i_2 のフェーザ表現はそれぞれ $\boldsymbol{V}_1 = V\angle 0$，$\boldsymbol{I}_2 = I\angle 0$ で与えられる．

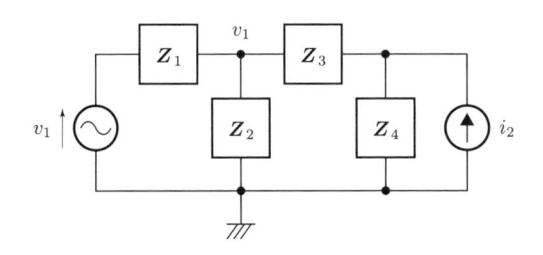

解答 回路内の電圧を求める問題なので，ノード解析を適用する．そのために，まず回路中の電圧源を電流源に等価変換する．インピーダンス Z_1 を電圧源の内部抵抗とみなすと，与えられた回路網は図 4-6 のように等価変換できる．ただし，

$$\boldsymbol{I}_1 = \frac{V\angle 0}{Z_1}$$

とおいた．

つぎに，ノード解析を行うため，素子をインピーダンス表示からアドミタンス表示に変形すると図 4-7 が得られる．ここで，

$$\boldsymbol{Y}_1 = \frac{1}{\boldsymbol{Z}_1}, \quad \boldsymbol{Y}_2 = \frac{1}{\boldsymbol{Z}_2}, \quad \boldsymbol{Y}_3 = \frac{1}{\boldsymbol{Z}_3}, \quad \boldsymbol{Y}_4 = \frac{1}{\boldsymbol{Z}_4}$$

とそれぞれをフェーザ表現した．

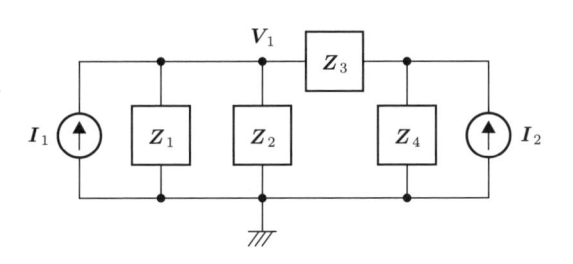

図 4-6 例題 4.6 の解法（回路の等価変換）

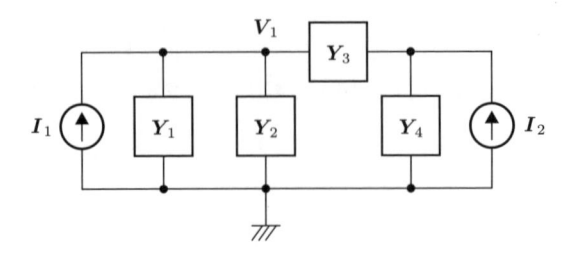

図 4-7　例題 4.6 の解法（アドミタンス表示への変換）

最終的に，ノード解析を適用する回路網は図 4-8 のようになる．ここで，

$$Y_a = Y_1 + Y_2$$

である．図中に示したように，ノード n_1 と n_2 を定義し，それぞれの電圧のフェーザ表現を V_1，V_2 とおく．

すると，それぞれのノードに対してつぎの方程式が得られる．

$$Y_a V_1 + Y_3(V_1 - V_2) = I_1$$
$$Y_4 V_2 + Y_3(V_2 - V_1) = I_2$$

ただし，

$$I_1 = \frac{V\angle 0}{Z_1} = Y_1 V\angle 0, \quad I_2 = I\angle 0$$

である．ここで，電流の向きは図中に示したとおりである．これらの方程式を行

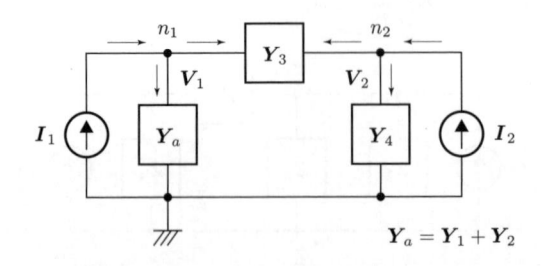

図 4-8　例題 4.6 の解法（ノード解析を適用する回路網）

列・ベクトル表現すると，次式が得られる．

$$\begin{bmatrix} Y_1 + Y_2 + Y_3 & -Y_3 \\ -Y_3 & Y_3 + Y_4 \end{bmatrix} \begin{bmatrix} V_1 \\ V_2 \end{bmatrix} = \begin{bmatrix} I_1 \\ I_2 \end{bmatrix}$$

この方程式を解くことにより，電圧は計算できるが，式が煩雑なので，ここでは結果だけを記しておく．

$$V_1 = \frac{(Y_3 + Y_4)I_1 + Y_3 I_2}{(Y_1 + Y_2)(Y_3 + Y_4) + Y_3 Y_4}$$

演習問題

4-1 下図の回路において，図示したようにループ電流 I_A, I_B, I_C を仮定する．このとき，以下の問いに答えよ．

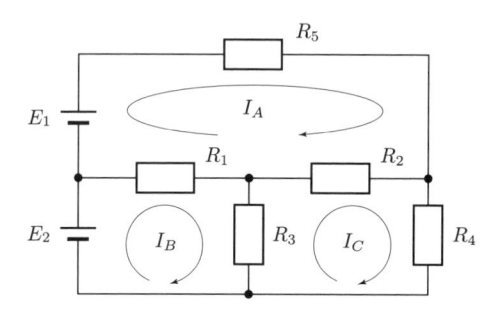

(1) 各ループにキルヒホッフの電圧則を適用し，ループ方程式を立てよ．

(2) $R_1 = R_2 = R_3 = R_4 = R_5 = 1 \,[\Omega]$, $E_1 = 16 \,[{\rm V}]$, $E_2 = 0 \,[{\rm V}]$ のとき，ループ解析により I_A, I_B, I_C を求めよ．

4-2 下図の回路網のループ電流 I_1, I_2 をループ解析により求めよ．

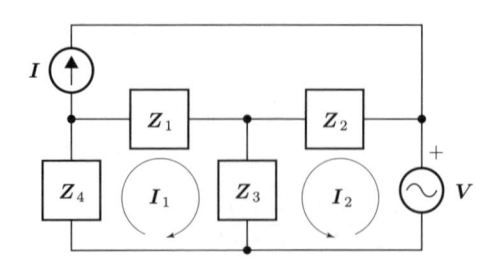

4-3 下図の回路において，$V = 4 - j3$ 〔V〕，$L = 15$ 〔mH〕，$C = 50$ 〔μF〕，$R = 20$ 〔Ω〕，$\omega = 2000$ 〔rad/s〕とする．I_1, I_2, I_3 を図のようにとるとき，ループ1とループ2にキルヒホッフの電圧則を適用してループ方程式を立て，それを解くことによりそれぞれの電流を求めよ．

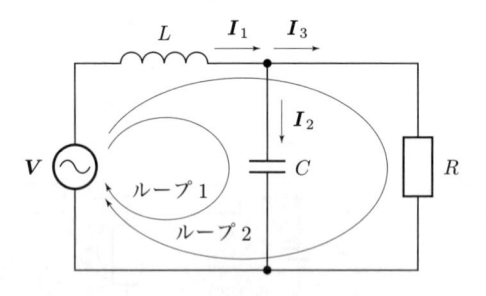

4-4 次ページの図の四面体回路に対し，電流を図のようにとる．
 (1) それぞれのノードにキルヒホッフの電流則を適用し，電流間の関係式を求めよ．
 (2) この回路網のブランチの数とノードの数を求めよ．
 (3) この回路網の独立なループの数を求めよ．
 (4) 面 ABD，面 ACD，面 ABC に対してキルヒホッフの電圧則を適用し，回路方程式を立てよ．
 (5) $R_0 = R_1 = R_2 = R_3 = R_4 = R_5 = 1$ 〔Ω〕，$E = 10$ 〔V〕とする．このとき，CD 間の電圧 V_{CD} を求めよ．

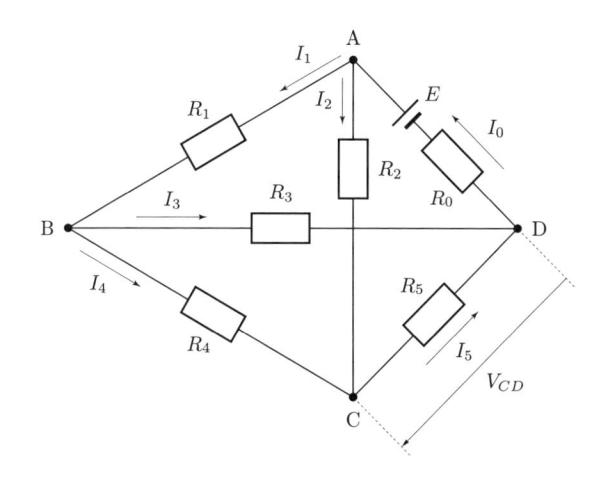

4-5 下図の回路について，以下の問いに答えよ．

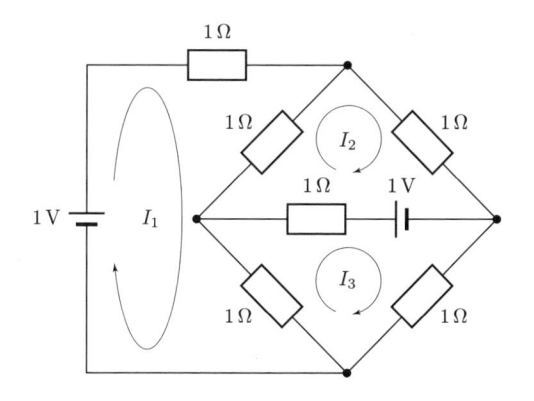

(1) 図に示したように電流 I_1, I_2, I_3 を定義するとき，キルヒホッフの電圧則を適用してループ方程式を導け．
(2) (1) で得られた方程式を行列・ベクトルを用いて表せ．
(3) (2) で得られた方程式を解き，電流 I_3 を求めよ．

4-6 下図の回路において，ノード n_1，ノード n_2，ノード n_3 の電圧をそれぞれ V_1, V_2, V_3 と仮定し，ノード解析法により V_1, V_2, V_3 を求めたい．このとき，以下の問いに答えよ．

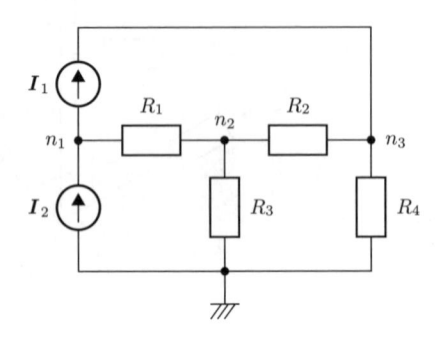

(1) ノード n_1，ノード n_2，ノード n_3 にキルヒホッフの電流則を適用し，ノード方程式を立てよ．

(2) $R_1 = R_2 = R_3 = R_4 = 1 \, [\Omega]$，$I_1 = 1 \, [\text{A}]$，$I_2 = 2 \, [\text{A}]$ のとき，V_1, V_2, V_3 を求めよ．

4-7 下図の回路について，以下の問いに答えよ．

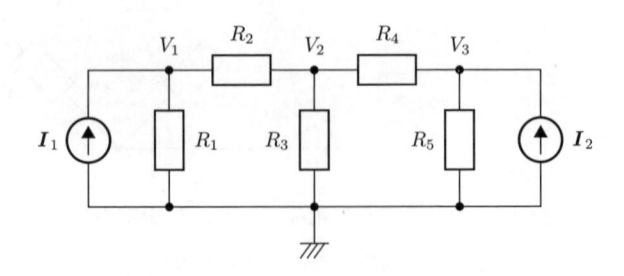

(1) ノード方程式を立て，それを行列の形で表せ．

(2) $R_1 = R_2 = R_3 = R_4 = R_5 = 1 \, [\Omega]$，$I_1 = 1 \, [\text{A}]$，$I_2 = 3 \, [\text{A}]$ のとき，図中の電圧 V_1, V_2, V_3 を求めよ．

4-8 下図において，$Z_A = Z_C = Z_E = 1\ [\Omega]$，$Z_B = -j0.5\ [\Omega]$，$Z_D = j0.5\ [\Omega]$，$V_p = 0\ [\text{V}]$，$V_q = 14\angle -\pi\ [\text{V}]$ とする．ノード方程式を立てることによりノード n_1，n_2 における電圧 V_1，V_2 を求めよ．

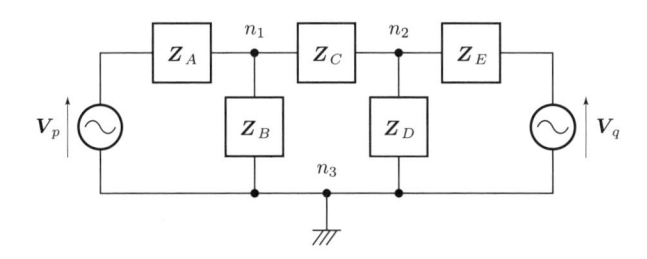

第 5 章

線形回路に関するさまざまな定理

本章では，線形回路に関するさまざまな定理を紹介する．まず，線形回路を特徴づける重要な性質である重ね合わせの理について説明する．つぎに，テブナンの定理（等価電圧源の定理）とノートンの定理（等価電流源の定理）について，それらの誕生の経緯も含めて解説する．また，電気回路や電気電子計測でしばしば登場するホイートストンブリッジについても説明する．

5.1 重ね合わせの理

本節で説明する重ね合わせの理は，**線形回路**（linear circuit）を特徴づける最も基本的な原理である．まず，簡単な例を用いて重ね合わせの理について説明していこう．

ある回路網が三つの独立なループを有し，電源がすべて電圧源で，回路網に含まれる素子がすべて抵抗である場合について考える．この回路網をループ解析すると，つぎのループ方程式が得られる．

$$\begin{bmatrix} R_{11} & R_{12} & R_{13} \\ R_{21} & R_{22} & R_{23} \\ R_{31} & R_{32} & R_{33} \end{bmatrix} \begin{bmatrix} I_1 \\ I_2 \\ I_3 \end{bmatrix} = \begin{bmatrix} V_1 \\ V_2 \\ V_3 \end{bmatrix} \tag{5.1}$$

これを行列・ベクトル表現すると，次式が得られる．

$$RI = V \tag{5.2}$$

ただし，

$$R = \begin{bmatrix} R_{11} & R_{12} & R_{13} \\ R_{21} & R_{22} & R_{23} \\ R_{31} & R_{32} & R_{33} \end{bmatrix}, \quad I = \begin{bmatrix} I_1 \\ I_2 \\ I_3 \end{bmatrix}, \quad V = \begin{bmatrix} V_1 \\ V_2 \\ V_3 \end{bmatrix}$$

とおいた[1]．前章で説明したように，式(5.2)は回路網に対するオームの法則の拡張版である．ここでは簡単のため抵抗だけからなる回路網を考えているが，以下の議論は一般的なインピーダンス Z の場合に対しても同様に成り立つ．

つぎに，前章で行ったように，クラーメルの公式を使って電流 I_1 を求めてみよう．

$$\begin{aligned} I_1 &= \frac{1}{\det R} \begin{vmatrix} V_1 & R_{12} & R_{13} \\ V_2 & R_{22} & R_{23} \\ V_3 & R_{32} & R_{33} \end{vmatrix} \\ &= \frac{1}{\det R} \left\{ \begin{vmatrix} R_{22} & R_{23} \\ R_{32} & R_{33} \end{vmatrix} V_1 - \begin{vmatrix} R_{12} & R_{13} \\ R_{32} & R_{33} \end{vmatrix} V_2 + \begin{vmatrix} R_{12} & R_{13} \\ R_{22} & R_{23} \end{vmatrix} V_3 \right\} \end{aligned} \tag{5.3}$$

これより，次式が得られる．

$$I_1 = K_{11} V_1 + K_{12} V_2 + K_{13} V_3 \tag{5.4}$$

ただし，

$$K_{11} = \frac{1}{\det R} \begin{vmatrix} R_{22} & R_{23} \\ R_{32} & R_{33} \end{vmatrix} \tag{5.5}$$

$$K_{12} = -\frac{1}{\det R} \begin{vmatrix} R_{12} & R_{13} \\ R_{32} & R_{33} \end{vmatrix} \tag{5.6}$$

---

[1] I のように太文字で表記すると，第3章で述べたフェーザ表現と紛らわしいが，本書では行列やベクトルも太文字で表記する．

$$K_{13} = \frac{1}{\det \boldsymbol{R}} \begin{vmatrix} R_{12} & R_{13} \\ R_{22} & R_{23} \end{vmatrix} \tag{5.7}$$

とおいた．式 (5.4) と同様に，次式が得られる．

$$I_2 = K_{21}V_1 + K_{22}V_2 + K_{23}V_3 \tag{5.8}$$
$$I_3 = K_{31}V_1 + K_{32}V_2 + K_{33}V_3 \tag{5.9}$$

ただし，K_{21}, K_{22}, ... は式 (5.5) と同様に定義される．

このように，電流 I_1, I_2, I_3 は，回路網に含まれる電圧源 V_1, V_2, V_3 の**線形結合** (linear combination) で記述できる．式 (5.4)〜式 (5.9) をまとめると，次式が得られる．

$$\begin{bmatrix} I_1 \\ I_2 \\ I_3 \end{bmatrix} = \begin{bmatrix} K_{11} & K_{12} & K_{13} \\ K_{21} & K_{22} & K_{23} \\ K_{31} & K_{32} & K_{33} \end{bmatrix} \begin{bmatrix} V_1 \\ V_2 \\ V_3 \end{bmatrix} \tag{5.10}$$

これを行列・ベクトル形式で表現すると，

$$\boldsymbol{I} = \boldsymbol{K}\boldsymbol{V} \tag{5.11}$$

となる．ただし，

$$\boldsymbol{K} = \begin{bmatrix} K_{11} & K_{12} & K_{13} \\ K_{21} & K_{22} & K_{23} \\ K_{31} & K_{32} & K_{33} \end{bmatrix}$$

とおいた．それぞれの電流はそれぞれの電圧の**線形結合** (linear combination) で記述できる点が重要であり，これがつぎにまとめる重ね合わせの理である．

> ❖ ポイント 5.1 ❖　**重ね合わせの理** (Principle of superposition)
>
> 回路網内の電流は，電圧源 V_1, V_2, V_3, ... の影響を独立に考えて，後でそれらの影響を足し合わせることによって計算できる．

式 (5.1) と式 (5.10) より，次式が得られる．

$$\boldsymbol{K} = \boldsymbol{R}^{-1} \tag{5.12}$$

重ね合わせの理の利用法を例題を通して見ていこう．

例題 5.1

下図の回路において，抵抗 R_3 を流れる電流を重ね合わせの理を用いて求めよ．

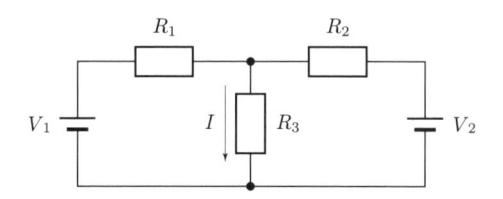

解答

この回路網には二つの電圧源 V_1, V_2 が含まれている．重ね合わせの理を用いるために，それぞれの電圧源の影響を独立に考えよう．

まず，電圧源 V_1 のみの影響を考えるために，電圧源 V_2 を**短絡**する．なお，電流源の場合には**開放**することに注意する．そのときの回路を図 5-1 に示した．このとき，抵抗 R_3 を流れる電流を I' とおいた．

図 5-1 を見やすく書き直すと，図 5-2 が得られる．ここで，図の中に示した電圧

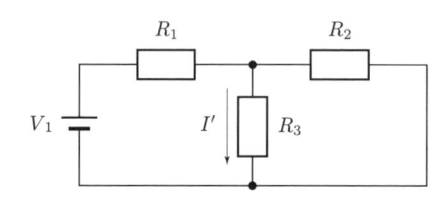

図 5-1 例題 5.1 の解法（電圧源 V_1 の影響）

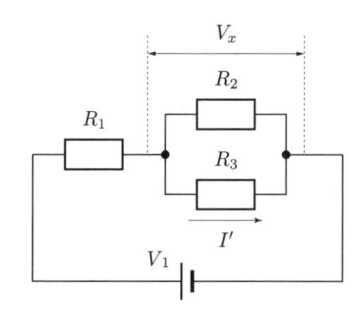

図 5-2 例題 5.1 の解法（電圧源 V_1 の影響）

V_x は次式のように計算できる.

$$V_x = \frac{\dfrac{1}{\dfrac{1}{R_2}+\dfrac{1}{R_3}}}{R_1+\dfrac{1}{\dfrac{1}{R_2}+\dfrac{1}{R_3}}}V_1 = \frac{R_2 R_3}{\Delta}V_1$$

ただし,

$$\Delta = R_1 R_2 + R_2 R_3 + R_3 R_1$$

とおいた.よって,

$$I' = \frac{1}{R_3}\frac{R_2 R_3}{\Delta}V_1 = \frac{R_2}{\Delta}V_1 \tag{5.13}$$

つぎに,電圧源 V_2 のみの影響を考えよう.そのために,電圧源 V_1 を短絡すると,図 5-3 が得られる.このとき,抵抗 R_3 を流れる電流を I'' とおいた.ここで,図の中に示した電圧 V_y は次式のように計算できる.

$$V_x = \frac{\dfrac{1}{\dfrac{1}{R_1}+\dfrac{1}{R_3}}}{R_2+\dfrac{1}{\dfrac{1}{R_1}+\dfrac{1}{R_3}}}V_1 = \frac{R_1 R_3}{\Delta}V_2$$

よって,

$$I'' = \frac{1}{R_3}\frac{R_1 R_3}{\Delta}V_2 = \frac{R_1}{\Delta}V_2 \tag{5.14}$$

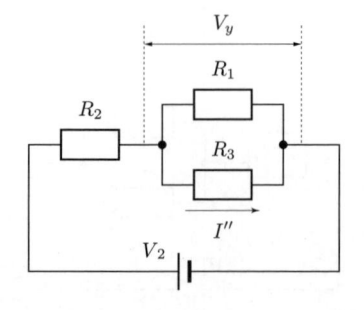

図 5-3 例題 5.1 の解法(電圧源 V_2 の影響)

重ね合わせの理により，R_3 を流れる電流 I は次式のように計算される．

$$I = I' + I'' = \frac{R_2V_1 + R_1V_2}{\Delta} = \frac{R_2V_1 + R_1V_2}{R_1R_2 + R_2R_3 + R_3R_1} \tag{5.15}$$

以上では，線形回路の基本である重ね合わせの理による解法を紹介したが，これを効率的に計算する方法が前章で述べたループ解析である．図 5-4 に示すように，ループ電流 I_1 と I_2 を定義し，それぞれのループに対してループ方程式を立てると，次式が得られる．

ループ 1： $R_1I_1 + R_3(I_1 + I_2) = V_1$

ループ 2： $R_2I_2 + R_3(I_1 + I_2) = V_2$

これを，行列・ベクトル形式で表現すると，

$$\begin{bmatrix} R_1 + R_3 & R_3 \\ R_3 & R_2 + R_3 \end{bmatrix} \begin{bmatrix} I_1 \\ I_2 \end{bmatrix} = \begin{bmatrix} V_1 \\ V_2 \end{bmatrix} \tag{5.16}$$

となる．これは，

$$\boldsymbol{RI} = \boldsymbol{V}$$

という連立 1 次方程式である．ただし，

$$\boldsymbol{R} = \begin{bmatrix} R_1 + R_3 & R_3 \\ R_3 & R_2 + R_3 \end{bmatrix}, \quad \boldsymbol{I} = \begin{bmatrix} I_1 \\ I_2 \end{bmatrix}, \quad \boldsymbol{V} = \begin{bmatrix} V_1 \\ V_2 \end{bmatrix}$$

とおいた．

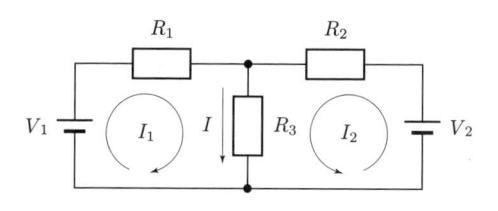

図 5-4 ループ解析を用いた解法

いま，
$$\Delta = \det \boldsymbol{R} = R_1 R_2 + R_2 R_3 + R_3 R_1$$

とおくと，クラーメルの公式より，次式が得られる．

$$I_1 = \frac{1}{\Delta}\begin{vmatrix} V_1 & R_3 \\ V_2 & R_2 + R_3 \end{vmatrix} = \frac{1}{\Delta}\{(R_2 + R_3)V_1 - R_3 V_2\} \tag{5.17}$$

$$I_2 = \frac{1}{\Delta}\begin{vmatrix} R_1 + R_3 & V_1 \\ R_3 & V_2 \end{vmatrix} = \frac{1}{\Delta}\{(R_1 + R_3)V_2 - R_3 V_1\} \tag{5.18}$$

したがって，抵抗 R_3 を流れる電流は，

$$I = I_1 + I_2 = \frac{R_2 V_1 + R_1 V_2}{R_1 R_2 + R_2 R_3 + R_3 R_1} \tag{5.19}$$

となり，式 (5.15) で与えた重ね合わせの理を用いた結果と一致した．

この例題から明らかなように，計算の効率や扱いやすさといった観点からはループ解析を用いた解法のほうが圧倒的に有用である．重ね合わせの理を満たす線形回路に対して，線形代数の結果を利用したものがループ解析であるからである．しかし，重ね合わせの理は線形回路の基本原理であるので，しっかりと理解してほしい．

5.2　テブナンの定理

まず，テブナン (p.168, コラム 17 を参照) の定理についてまとめておこう．

❖ ポイント 5.2 ❖　**テブナンの定理**（Thevenin's theorem）

次ページの図に示すように，いくつかの電源（電圧源，電流源）を含む回路網から，二つの端子 1, 1′ を取り出し，その開放端の電圧を v とする．また，電源を含む回路網に含まれる電圧源を短絡，電流源を開放とした場合の二つの端子 1, 1′ のインピーダンス（これを**内部インピーダンス**という）を Z_i とする．な

お，回路網が抵抗と電源だけから構成されている場合には，内部インピーダンスを内部抵抗と呼ぶ．

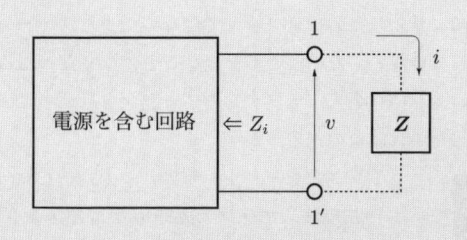

以上の準備のもとで，二つの端子間にインピーダンス Z を接続したとき，この Z に流れる電流 i は次式で与えられる．

$$i = \frac{v}{Z_0 + Z} \tag{5.20}$$

この事実をテブナンの定理，あるいは**等価電圧源の定理**（equivalent generator theorem）といい，このとき上図の電源を含む回路は，下図のような等価電圧源表現になる．

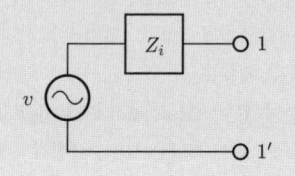

つぎに，重ね合わせの理を用いたテブナンの定理の証明を，図 5-5 を用いて以下で与えよう．

テブナンの定理の証明

1. 電源 v の電圧源を外部に付け加えると，電源を含む回路の電圧と等しくなるので，図中の電流 i' は次式となる．

$$i' = 0$$

コラム 17 —— テブナンとノートンの謎

電気回路の初歩として，誰もが学ぶテブナンとノートンの等価回路．しかし，実はテブナンの定理を最初に発表したのはテブナンではない．また，ノートンはそもそもノートンの定理を発表していない．なぜ，こんな変なことになったのだろうか．科学史上のスターとは決していえない有名人，テブナンとノートンとは何者なのか．そして，等価回路を本当に発見したのは誰なのだろうか？

レオン・シャルル・テブナン（Leon Charles Thevenin, 1857～1926）は，フランス郵政電報省のエンジニアであった．25歳のとき，テブナンは電気部門の技師の教育を任された．その過程で，テブナンはいくつかの発見をした．電圧源等価回路はその一つである．

1883 年，テブナンは等価回路についての論文を発表する．この中でテブナンは，どんなに複雑な線形回路であっても，その中から引き出した 2 端子間に接続した導線に流れる電流は，端子間の電位差を回路側の抵抗と導線の抵抗の和で除した量に等しいという定理を証明している．テブナンはまた，これはそれまで知られていなかった有用な法則だとも述べている．

テブナンの発見は，1890 年に出版されたある電磁気学の論文の中で引用されたことをきっかけに知られるようになった．しかし，テブナン本人も，そしてその論文の著者も知らなかったことだが，実はテブナンより 30 年も前に，ある偉大な科学者によってこの結果はすでに示されていたのである．

ヘルマン・フォン・ヘルムホルツ（Hermann Ludwig Ferdinand von Helmholtz, 1821～1894）は，熱力学，音響学，光学，流体力学，電磁気学そして電気生理学と，あらゆる分野に巨大な功績を残した．ケーニヒスブルク大学の助教授だったヘルムホルツは，1853 年にいわゆる動物電気に関する論文を発表している．その中で彼は，重ね合わせの理をはじめて明確に示すとともに，筋組織中の電流および電圧の測定から電圧源の位置および電流分布を決定する問題に触れている．後に明らかにされるように，ここで述べられている定式化こそが，今日「テブナンの定理」と呼ばれるものであった．しかし，電気生理学の論文だったせいか，およそ 100 年もの間，ヘルムホルツの発見が広く電気工学者に知られることはなかった．テブナンが登場した 1890 年の論文にヘルムホルツの名前はあがっていない．ヘルムホルツはこのときまだ生きていたのだが，これにはどうやら気がつかなかったようである．

コラム 17（つづき）

　なお，わが国では，同じ定理を独自に発見した鳳（ほう）秀太郎（東京大学工学部教授，歌人 与謝野晶子の実兄）の名をとって「鳳・テブナンの定理」と呼ばれたこともあるが，彼がこの定理を発表したのはテブナンが発表した 39 年後の 1922 年である．

　つぎに，「ノートンの定理」として電気回路の歴史に名前が刻まれたエドワード・L・ノートン（Edward L. Norton, 1898〜1983）はどのような人物だったのだろうか？ 残念ながら，米国ベル研究所の技術者の同僚以外にはほとんど知られていない．というのは，彼は論文をほとんど書かなかったからである．ノートンの著した文献で等価回路について述べられているものといえば 1926 年の技術資料だけで，それも等価電流源を用いることの有用性についてごく簡単に記されているのみである．

　奇妙なことに，同じ 1926 年の，しかも同じ月に，同じ等価電流源に関して，はるかに詳細な論文が，もう一人の人物によって発表されている．その忘れられた人物こそ，ハンス・F・マイヤー（Hans Ferdinand Mayer, 1895〜1980）である．

　マイヤーは数奇な運命の人であった．1922 年，独ジーメンスに入社し研究者人生を送ったマイヤーは，一方で，ドイツの機密情報を秘かに英国に流したことで知られる匿名の人物の正体であった．また反ナチスの罪で投獄されたが，あやうく処刑を免れている．マイヤーは 1926 年，電圧源等価回路から電流源と等価インピーダンスの並列回路への変換について述べた論文を発表した．この論文には，今日知られている等価回路表現の基本的な考えがすべて盛り込まれている．マイヤーの結果は，1932 年にドイツで出版された教科書に登場している．一方，このことはドイツ国外ではほとんど知られることはなく，米国ではマイヤーについて触れている教科書はないという．テブナンの定理が実はヘルムホルツによってすでに見出されていたことを 1950 年に指摘したのもマイヤーであった．

　ベル研究所内では優れた人物として知られたノートンであったが，なぜ電流源等価回路がノートンの名前で呼ばれるようになったのか，結局はよくわかっていない．少なくとも，マイヤーの名前で呼ばれていないのはおかしなことではないだろうか．

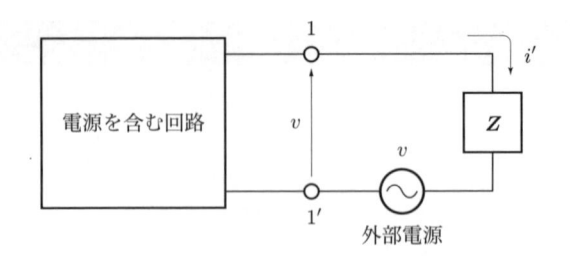

図 5-5 テブナンの定理の証明

2. 回路網中の電圧源を短絡し，電流源を開放することによって，回路網の中の電流をすべて 0 として，外部電源のみにする．いま，回路の内部インピーダンスは Z_i なので，インピーダンス Z に流れる電流は次式となる．

$$i'' = \frac{-v}{Z + Z_i}$$

3. 回路網中の電源を元に戻し，外部電源の電圧を 0 としたときに Z に流れる電流を i とすると，重ね合わせの理より，次式が得られる．

$$i'' + i = i'$$

したがって，

$$i = -i'' = \frac{v}{Z + Z_i}$$

となり，テブナンの定理が証明された．

例題 5.2

テブナンの定理を用いて，下図に示した回路網を単一の電圧源に変換せよ．

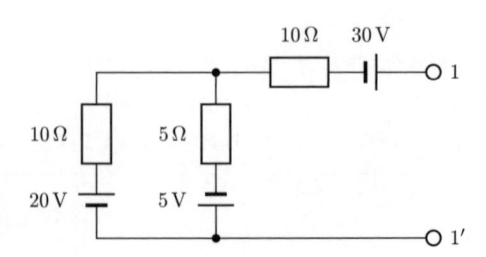

解答 テブナンの定理を用いるために，まず，1–1′ から見た内部抵抗を求める．そのために電圧源を短絡すると図 5-6 が得られる．図より，内部抵抗はつぎのようにして計算できる．

$$r_i = 10 + \frac{1}{\frac{1}{10} + \frac{1}{5}} = \frac{40}{3} \text{ [Ω]}$$

つぎに，1–1′ 間の電圧を求めるために，図 5-7 のように電流を定義する．そして，この図のループにキルヒホッフの電圧則を適用すると，次式が得られる．

$$10I + 5I = 20 + 5$$

よって，$I = 5/3$ [A] が得られる．すると，図中の電圧 V はつぎのようになる．

$$V = 5 \times \frac{5}{3} - 5 = \frac{10}{3} \text{ [V]}$$

よって，1–1′ 間の電圧はつぎのようになる．

$$30 + \frac{10}{3} = \frac{100}{3} \text{ [V]}$$

以上より，図 5-8 の等価電圧源が得られる．

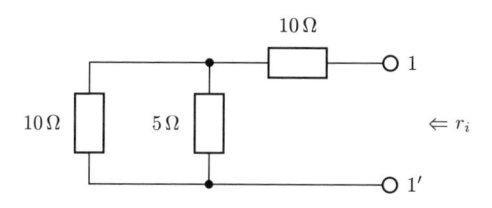

図 5-6 例題 5.2 の解法

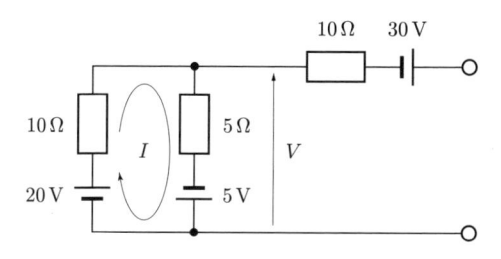

図 5-7 例題 5.2 の解法

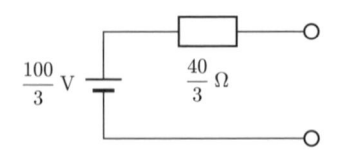

例題 5.3

下図において抵抗 R を流れる電流を求めよ．ただし，$R = 1\,[\Omega]$ とする．

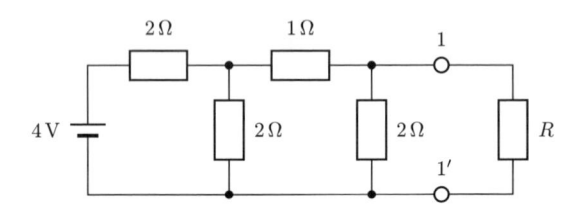

解答 テブナンの定理を用いて電流を求めることにする．そのために，まず 1–$1'$ から見た内部抵抗を求める．電圧源を短絡すると，図 5-9 (a) の回路が得られる．そして，1–$1'$ 間の抵抗を計算するために，回路図を変形していくと，(b)，(c) が得られる．よって，内部抵抗は次式となる．

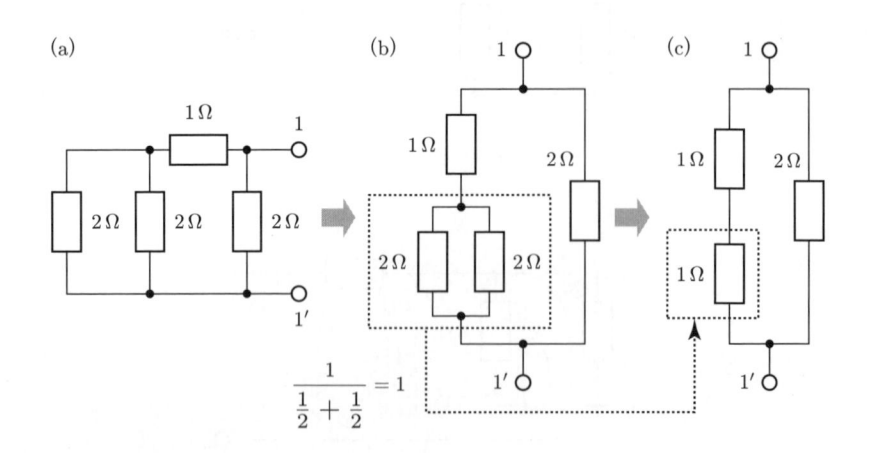

図 5-9　例題 5.3 の解法

$$r_i = \cfrac{1}{\cfrac{1}{1+1}+\cfrac{1}{2}} = 1 \,[\Omega]$$

つぎに，1–1′ 間の電圧 V を求めるために，図 5-10 のように，二つの電流 I_1, I_2 を定義する．それぞれのループに対してキルヒホッフの電圧則を適用すると，つぎのループ方程式が得られる．

$$\begin{bmatrix} 4 & -2 \\ -2 & 5 \end{bmatrix} \begin{bmatrix} I_1 \\ I_2 \end{bmatrix} = \begin{bmatrix} 4 \\ 0 \end{bmatrix}$$

これを解くと，

$$I_2 = 0.5 \,[\text{A}]$$

が得られる．図より，$V = 2I_2$ なので，次式が得られる．

$$V = 2 \times 0.5 = 1 \,[\text{V}]$$

以上の準備の下で，テブナンの定理を適用すると，抵抗 R を流れる電流 I は次式となる．

$$I = \frac{V}{r_i + R} = \frac{1}{1+1} = 0.5 \,[\text{A}]$$

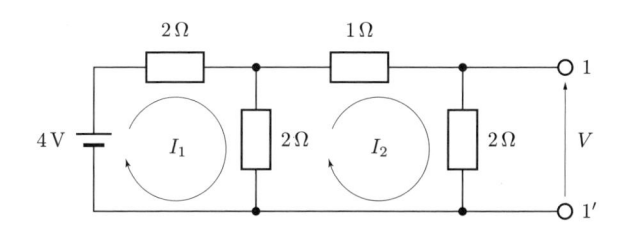

図 5-10　例題 5.3 の解法

例題 5.4

下図に示した回路網を単一の電圧源に変換せよ．また，単一の電流源にも変換せよ．

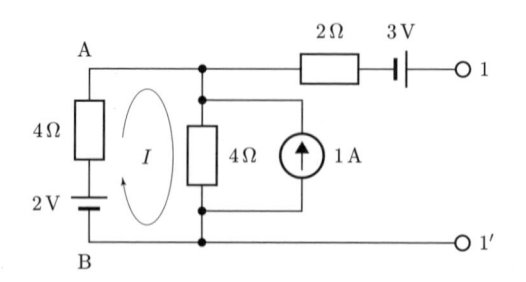

解答 テブナンの定理を用いるために，まず，1–1′ から見た内部抵抗を求める．電圧源を短絡，電流源を開放すると，図 5-11 が得られる．この図より，1–1′ の抵抗は，次式のようになる．

$$r_i = 2 + \frac{1}{\frac{1}{4} + \frac{1}{4}} = 4 \ [\Omega]$$

つぎに，1–1′ 間の電圧を求める．問題の図中で示した電流 I を用いると，キルヒホッフの電圧則より，このループ内では次式が成り立つ．

$$4I + 4(I+1) = 2 \quad \therefore \quad I = -0.25$$

これより，図中の A–B 間の電圧は，

$$4 \times 0.25 + 2 = 3 \ [V]$$

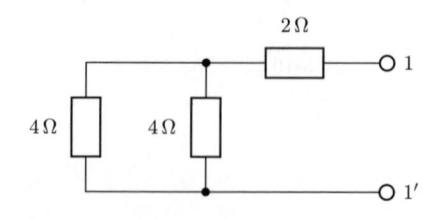

図 5-11 例題 5.4 の解法（内部抵抗の計算）

となる．したがって，1–1′ 間の電圧は次式となる．

$$v = 3 + 3 = 6 \text{ [V]}$$

これより，図 5-12（a）に示す電圧源に変換できる．さらに，電圧源を電流源に等価変換することにより，(b) に示す等価電流源が得られる．

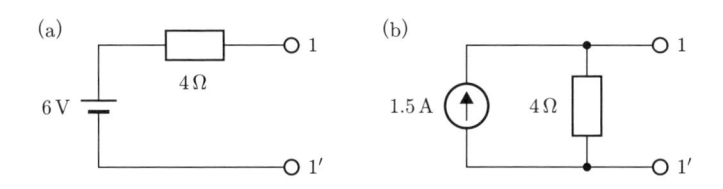

図 5-12 例題 5.4 の解答（等価電圧源 (a) と等価電流源 (b)）

例題 5.5

下図に示すように 1–1′ 端子を開放端とする電源回路と，2–2′ 間を開放端とする負荷回路がある．このとき，以下の問いに答えよ．

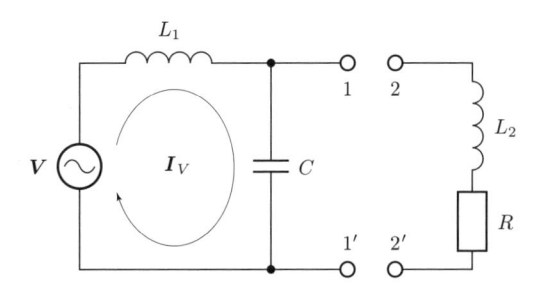

(1) 端子 1 と 2，端子 1′ と 2′ を接続したとき，負荷回路に流れる複素電流 I を計算せよ．
(2) (1) で求めた電流 I が負荷抵抗 R と無関係になるように，電圧源 V の角周波数 ω を求めよ．

解答

(1) 1–1′ 間から見た電源回路の内部インピーダンスは Z_i は

$$Z_i = \cfrac{1}{\cfrac{1}{j\omega L_1} + j\omega C} = \frac{j\omega L_1}{1 - \omega^2 L_1 C}$$

となる．つぎに，図中で定義した電流 I_V は

$$I_V = \frac{V}{j\omega L_1 + \cfrac{1}{j\omega C}}$$

なので，端子 1–1′ 間の電圧 V_1 は，

$$V_1 = \frac{1}{j\omega C} \frac{1}{j\omega L_1 + \cfrac{1}{j\omega C}} V = \frac{1}{1 - \omega^2 L_1 C} V$$

となる．よって，テブナンの定理より，次式が得られる．

$$I = \frac{V_1}{R + j\omega L_2 + Z_i} = \frac{V}{R(1 - \omega^2 L_1) + j\omega(L_1 + L_2 - \omega^2 L_1 L_2 C)}$$

(2) (1) で求めた電流が R と無関係になるためには，

$$1 - \omega^2 L_1 = 0$$

となればよいので，

$$\omega = \frac{1}{\sqrt{L_1 C}}$$

が求める角周波数である．

5.3 ノートンの定理

テブナンの定理と双対の関係にあるノートン（p.168，コラム 17 を参照）の定理をまとめておこう．

> ❖ ポイント 5.3 ❖　**ノートンの定理**（Norton's theorem）
>
> 下図において，1–1′ 間を短絡したときに流れる電流を i とし，1–1′ 間から回路網を見たアドミタンス（これを**内部アドミタンス**と呼ぶ）を Y_i とする．なお，回路網が抵抗と電源だけから構成されている場合には，内部アドミタンスを**内部コンダクタンス**と呼ぶ． 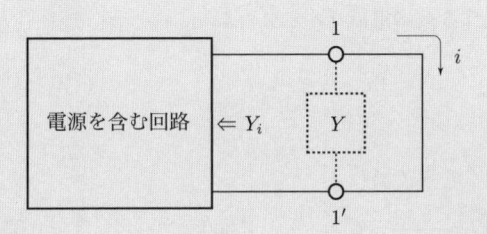
>
> 1–1′ 間にアドミタンス Y を接続したときに，1–1′ 間に生じる電圧 v は
>
> $$v = \frac{i}{Y + Y_i} \tag{5.21}$$
>
> で与えられ，これを**ノートンの定理**，あるいは**等価電流源の定理**という．

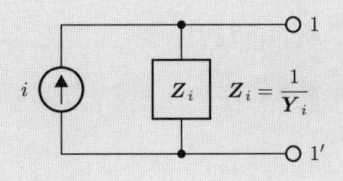

例題 5.6

下図に示した回路網について，以下の問いに答えよ．ただし，$V = 100$〔V〕，$R = 20$〔Ω〕，$C = 20$〔μF〕，$\omega = 5000$〔rad/s〕とする．

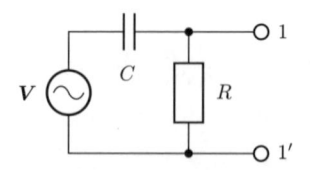

(1) ノートンの定理を用いて，この回路網を単一の電流源に変換せよ．
(2) 端子 1–1′ 間に $L = 3.2$〔mH〕のインダクタを接続したとき，このインダクタに流れる複素電流 I_L を求めよ．

解答

(1) まず，内部アドミタンス Y_i は

$$Y_i = \frac{1}{R} + j\omega C = \frac{1}{20} + j5000 \times 20 \times 10^{-6} = 0.05 + j0.1$$

である．よって，

$$Z_i = \frac{1}{Y_i} = 4 - j8$$

つぎに，1–1′ 間を短絡したときに流れる複素電流 I（図 5-13）は，つぎのように計算できる．

$$I = j\omega C V = j10 〔\text{A}〕$$

よって，求める等価電流源は図 5-14 のようになる．

図 5-13　例題 5.6 (1) の解法　　　図 5-14　例題 5.6 (1) の解答

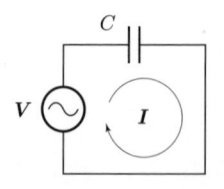

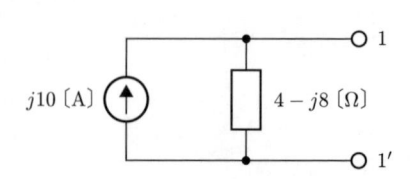

(2) ノートンの定理より，1–1' 間の電圧 V_1 は，

$$V_1 = \frac{I}{Y+Y_i} = \frac{j10}{\dfrac{1}{j\omega L} + \dfrac{1+j2}{20}} = \frac{800}{3-j4}$$

よって，

$$I_L = \frac{V_1}{j\omega L} = \frac{\dfrac{800}{3-j4}}{j16} = 8-j6 \ [\text{A}]$$

5.4　ホイートストンブリッジ

1833 年，サミュエル・ハンターが発明した電気抵抗の測定法をホイートストン（コラム 18 を参照）が改良し，広く用いられるようになった．これが，図 5-15 に示す**ホイートストンブリッジ**（Wheatstone bridge）である．本節では，ホイートストンブリッジについて簡単に紹介しよう．

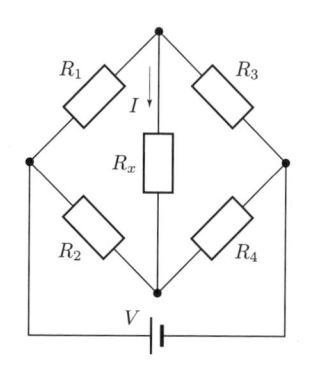

図 5-15　ホイートストンブリッジ

コラム 18 ── チャールズ・ホイートストン (Sir Charles Wheatstone, 1802〜1875)

ホイートストンは英国のグロスターで生まれた．彼が4歳のとき，家族とともにロンドンに移住し，初等教育を受けたが，大学教育は受けていない．家業が楽器商であったため，音響学に興味をもち，1827年に音響に関する最初の論文を書いている．

その後，1834年にキングスカレッジロンドンの実験物理学の教授となり，1836年には王立学会会員になった．

ホイートストンは，電気の諸量の整理をした．当時，オームが提唱していた「修正長さ」を「抵抗」(resistance)，電源の電圧発生力を「起電力」(electromotive force) と呼び，それらの名称は現在に至っている．

1833年，サミュエル・ハンターが発明した電気抵抗の測定法を改良した．これは後に「ホイートストンブリッジ」と呼ばれることになり，現在でも広く用いられている．抵抗だけでなく，交流回路におけるリアクタンスの測定についても研究した．

ホイートストンは，1837年に磁針電信機の特許をウィリアム・クックとともに取得した．

例題 5.7

下図に示すホイートストンブリッジにおいて，$5\,\Omega$ の抵抗を流れる電流 I をテブナンの定理を用いて求めよ．

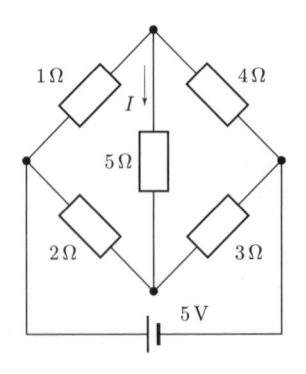

解答 図の回路を変形すると，図 5-16 の回路が得られる．すぐにはピンと来ないかもしれないが，じっくり眺めれば，この二つの回路が等価であることがわかるだろう．図 5-16 の回路は，電源を含む回路（左側）から端子を二つ引き出してきて，その端子間に 5Ω の抵抗を接続したものである．これでテブナンの定理を適用する準備は整った．

まず，1–1′ 間の端子間電圧 V は，つぎのように計算できる．

$$V = V_1 - V_1' = \frac{5}{4+1} \times 4 - \frac{5}{3+2} \times 3 = 1 \,[\text{V}]$$

つぎに，電源を含む回路の内部抵抗 r_i を計算するために，電圧源を短絡すると，図 5-17 が得られる．この図も最初は理解できないかもしれないが，図 5-16 の回路において，電圧源を短絡して，端子 1 と端子 1′ を左右に引っ張ると，この図が見えてくるだろう．これより，内部抵抗は次式となる．

$$r_i = \frac{1}{\frac{1}{4}+\frac{1}{1}} + \frac{1}{\frac{1}{3}+\frac{1}{2}} = \frac{4}{5} + \frac{6}{5} = 2 \,[\Omega]$$

以上の結果にテブナンの定理を適用すると，次式が得られる．

$$I = \frac{1}{5+2} = \frac{1}{7} \,[\text{A}]$$

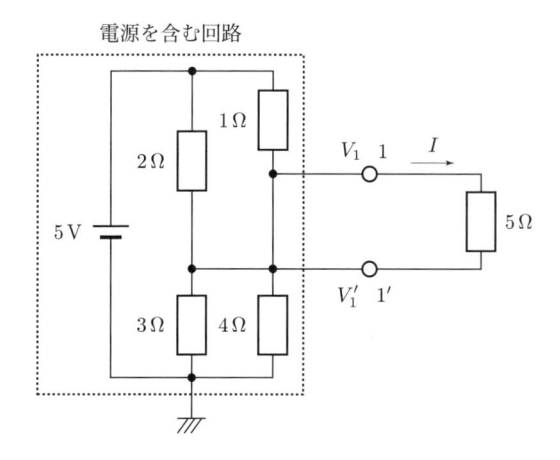

図 5-16　例題 5.7 の解法

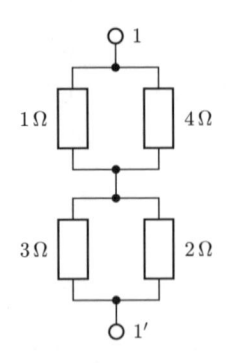

図 5-17　例題 5.7 の解法（内部抵抗の計算）

　この問題をテブナンの定理を用いて解く方法は非常にエレガントである．しかしながら，つぎに示すようにループ解析を用いて解く方法のほうが，理解しやすいかもしれない．

例題 5.7 の別解：ループ解析を用いた方法

　図 5-18 に示すように電流 I_1, I_2, I_3 を定義し，それぞれのループに対してキルヒホッフの電圧則を適用すると，次式が得られる．

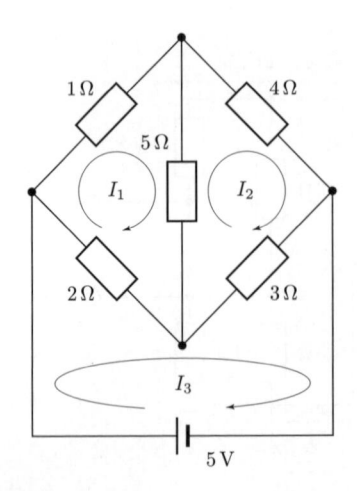

図 5-18　例題 5.7 の解法（ループ解析を用いた方法）

$$\ell_1 : I_1 + 5(I_1 - I_2) + 2(I_1 - I_3) = 0$$
$$\ell_2 : 3(I_2 - I_3) + 5(I_2 - I_1) + 4I_2 = 0$$
$$\ell_3 : 2(I_3 - I_1) + 3(I_3 - I_2) = 5$$

よって，次式が得られる．

$$\begin{bmatrix} 8 & -5 & -2 \\ -5 & 12 & -3 \\ -2 & -3 & 5 \end{bmatrix} \begin{bmatrix} I_1 \\ I_2 \\ I_3 \end{bmatrix} = \begin{bmatrix} 0 \\ 0 \\ 5 \end{bmatrix}$$

左辺の行列を $\boldsymbol{R}$ とおくと，

$$\det \boldsymbol{R} = 175$$

クラーメルの公式より，次式が得られる．

$$I_1 = \frac{1}{175} \begin{vmatrix} 0 & -5 & -2 \\ 0 & 12 & -3 \\ 5 & -3 & 5 \end{vmatrix} = \frac{39}{35}$$

$$I_2 = \frac{1}{175} \begin{vmatrix} 8 & 0 & -2 \\ -5 & 0 & -3 \\ -2 & 5 & 5 \end{vmatrix} = \frac{34}{35}$$

よって，求める電流を I とすると，

$$I = I_1 - I_2 = \frac{1}{7} \, [\mathrm{A}]$$

となり，テブナンの定理を用いたときと同じ結果が得られた． □

つぎに，図5-19に示した抵抗からなる一般的なホイートストンブリッジについて考えていこう．

まず，図示した三つのループに対してキルヒホッフの電圧則を適用して，ループ方程式を立てると，次式が得られる．

$$\begin{bmatrix} R_1 + R_2 + R_x & -R_x & -R_2 \\ -R_x & R_3 + R_4 + R_x & -R_4 \\ -R_2 & -R_4 & R_2 + R_4 \end{bmatrix} \begin{bmatrix} I_1 \\ I_2 \\ I_3 \end{bmatrix} = \begin{bmatrix} 0 \\ 0 \\ V \end{bmatrix} \quad (5.22)$$

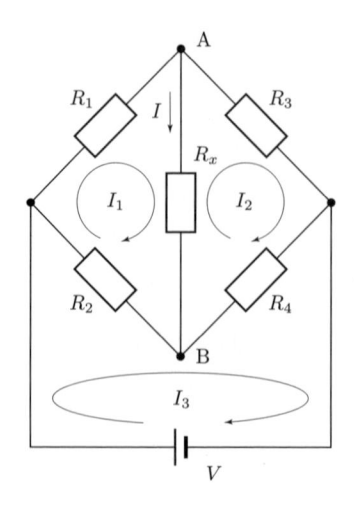

図 5-19 ホイートストンブリッジの平衡条件

いま，左辺の行列を $\boldsymbol{R}$ とおく．クラーメルの公式を適用することにより，つぎの電流が計算される．

$$I_1 = \frac{1}{\det \boldsymbol{R}} \begin{vmatrix} 0 & -R_x & -R_2 \\ 0 & R_3 + R_4 + R_x & -R_4 \\ V & -R_4 & R_2 + R_4 \end{vmatrix}$$

$$= \frac{V}{\det \boldsymbol{R}} \{R_4 R_x + R_2(R_3 + R_4 + R_x)\}$$

$$I_2 = \frac{1}{\det \boldsymbol{R}} \begin{vmatrix} R_1 + R_2 + R_x & 0 & -R_2 \\ -R_x & 0 & -R_4 \\ -R_2 & V & R_2 + R_4 \end{vmatrix}$$

$$= \frac{V}{\det \boldsymbol{R}} \{R_2 R_x + R_4(R_1 + R_2 + R_x)\}$$

さて，抵抗 R_x を流れる電流，すなわち図 5-19 において端子 A から端子 B に流れる電流を I とすると，これは次式のように計算される．

$$I = I_1 - I_2 = \frac{R}{\det \boldsymbol{R}} (R_2 R_3 - R_1 R_4)$$

これより，ある条件が成り立てば，電流 I は 0 になることがわかる．これはホイートストンブリッジの平衡条件として知られている．

❖ ポイント 5.4 ❖　ホイートストンブリッジの平衡条件

図 5-19 のホイートストンブリッジにおいて，

$$R_2 R_3 = R_2 R_4 \tag{5.23}$$

あるいは，

$$\frac{R_1}{R_2} = \frac{R_3}{R_4} \tag{5.24}$$

が成り立つとき，抵抗 R_x を流れる電流は 0 になる．この条件を**ホイートストンブリッジの平衡条件**という．

ホイートストンブリッジは，抵抗値を精度良く計測できる**零位法**と呼ばれる計測法であり，ひずみゲージの回路として用いられるほか，さまざまな電気量の測定回路として利用されている．

以上では，抵抗に直流電圧を印加したホイートストンブリッジ回路を与えた．図 5-20 は交流ブリッジ回路と呼ばれるものである．交流ブリッジ回路におけるインピーダンスに対しても，ホイートストンブリッジと同様の平衡条件が成立する．ウィーンブリッジなど，さまざまな交流ブリッジ回路が提案されているが，これらについては「電気計測」の授業で詳しく学習するだろう．

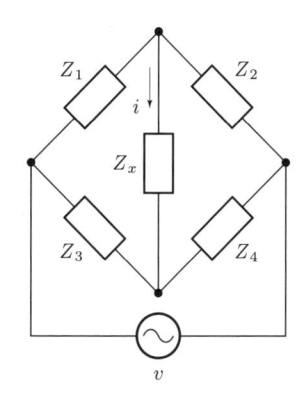

図 5-20　交流ブリッジ

5.5 線形回路網の双対性

これまで，電気回路においてある性質が成り立つと，それに対応して似たような性質が成り立ついくつかの例を紹介してきた．これを電気回路の**双対性**（duality）という．これらを表 5-1 にまとめた．

表 5-1 線形回路網の双対性

インピーダンス表現	アドミタンス表現
キルヒホッフの電圧則（KVL） $\sum_i v_i = 0$	キルヒホッフの電流則（KCL） $\sum_i i_i = 0$
ループ解析 $\boldsymbol{Zi} = \boldsymbol{v}$	ノード解析 $\boldsymbol{Yv} = \boldsymbol{i}$
インピーダンスの直列接続 $\boldsymbol{Z} = \sum_i \boldsymbol{Z}_i$	アドミタンスの並列接続 $\boldsymbol{Y} = \sum_i \boldsymbol{Y}_i$
インピーダンスの並列接続 $\dfrac{1}{\boldsymbol{Z}} = \sum_i \dfrac{1}{\boldsymbol{Z}_i}$	アドミタンスの直列接続 $\dfrac{1}{\boldsymbol{Y}} = \sum_i \dfrac{1}{\boldsymbol{Y}_i}$

演習問題

5-1 下図の回路のインピーダンス Z_3 を流れる電流 i_3 を重ね合わせの理によって求めよ．

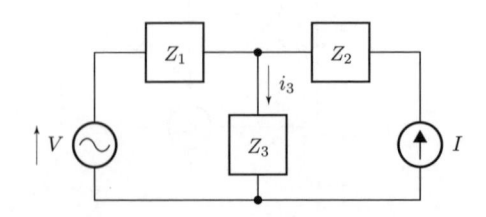

5-2 下図の回路に対してテブナンの等価電圧源を求めよ．

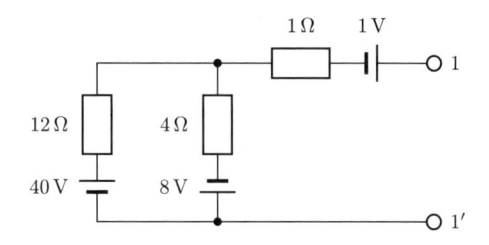

5-3 下図の回路網の内部インピーダンスが $Z_0 = 8 + j14$ 〔Ω〕であり，1–1′ 間に電圧 $V_0 = 100$ 〔V〕が生じているとき，あるインピーダンス Z を 1–1′ 間に接続したところ $I = 3 + j4$ 〔A〕の電流が流れたという．このとき，Z を求めよ．

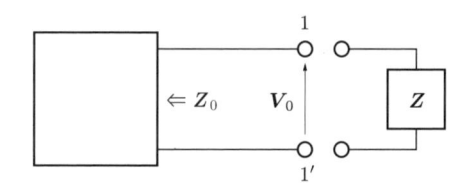

5-4 例題 5.3 をノートンの定理を用いて解け．

第 6 章

2 端子対回路

ある回路網の左側から二つの端子を，右側からも同様に二つの端子を引き出したものを 2 端子対回路という．回路網を 2 端子対回路と考えることによって，その回路網は端子を介した入出力関係だけで表され，内部が実際にどんな回路になっているかを考える必要がなくなる．これが，ブラックボックスの考えである．本章の内容は，第 4 章，第 5 章で学んできたことの総まとめでもある．一般的な $n \times n$ 行列から議論を始めるので，ちょっと理論展開が難しく感じるかもしれないが，ぜひがんばって本書を読破してほしい．

6.1 　 2 端子対回路のインピーダンス行列

図 6-1 に示したように，ある回路網の左側から二つの端子（図では 1，1' と表記）を引き出し，右側からも同様に二つの端子（図では 2，2' と表記）を引き出したものを **2 端子対回路**（two-port network），あるいは 4 端子回路という．図で「ブラックボックス」と表記した部分が 2 端子対回路であり，その中には電源は含まれていないものとする．2 端子対回路の左側の部分を **1 次側**（あるいは，入力側，送信側）と呼び，右側の部分を **2 次側**（あるいは，出力側，受信側）と呼ぶ．

6.1 2端子対回路のインピーダンス行列   189

```
   1 ○─────┐         ┌─────○ 2
           │ブラックボックス │
   1'○─────┘         └─────○ 2'

     1次側                    2次側
  (入力側, 送信側)         (出力側, 受信側)
```

図 6-1　2端子対回路

6.1.1　ループ解析を用いたインピーダンス行列の計算

図 6-2 に示すように，2 端子対回路の 1 次側に電圧源 v_1 を，2 次側に電圧源 v_2 を接続した，二つの電圧源を含む回路網について考える．このとき，1 次側には電流 i_1 が，2 次側には電流 i_2 が流れるものとする．

この 2 端子対回路に独立なループが n 個存在する場合，つぎのループ方程式が得られる．

$$\begin{bmatrix} \bar{Z}_{11} & \bar{Z}_{12} & \bar{Z}_{13} & \cdots & \bar{Z}_{1n} \\ \bar{Z}_{21} & \bar{Z}_{22} & \bar{Z}_{23} & \cdots & \bar{Z}_{2n} \\ \bar{Z}_{31} & \bar{Z}_{32} & \bar{Z}_{33} & \cdots & \bar{Z}_{3n} \\ \vdots & \vdots & \vdots & & \vdots \\ \bar{Z}_{n1} & \bar{Z}_{n2} & \bar{Z}_{n3} & \cdots & \bar{Z}_{nn} \end{bmatrix} \begin{bmatrix} i_1 \\ i_2 \\ i_3 \\ \vdots \\ i_n \end{bmatrix} = \begin{bmatrix} v_1 \\ v_2 \\ 0 \\ \vdots \\ 0 \end{bmatrix} \tag{6.1}$$

これを行列・ベクトル表現すると，次式が得られる．

$$\bar{\boldsymbol{Z}}\bar{\boldsymbol{i}} = \bar{\boldsymbol{v}} \tag{6.2}$$

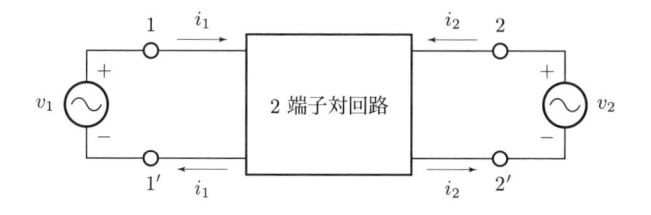

図 6-2　ループ解析を用いた 2 端子対回路の解法

ただし，

$$\bar{Z} = \begin{bmatrix} \bar{Z}_{11} & \bar{Z}_{12} & \bar{Z}_{13} & \cdots & \bar{Z}_{1n} \\ \bar{Z}_{21} & \bar{Z}_{22} & \bar{Z}_{23} & \cdots & \bar{Z}_{2n} \\ \bar{Z}_{31} & \bar{Z}_{32} & \bar{Z}_{33} & \cdots & \bar{Z}_{3n} \\ \vdots & \vdots & \vdots & & \vdots \\ \bar{Z}_{n1} & \bar{Z}_{n2} & \bar{Z}_{n3} & \cdots & \bar{Z}_{nn} \end{bmatrix}, \quad \bar{i} = \begin{bmatrix} i_1 \\ i_2 \\ i_3 \\ \vdots \\ i_n \end{bmatrix}, \quad \bar{v} = \begin{bmatrix} v_1 \\ v_2 \\ 0 \\ \vdots \\ 0 \end{bmatrix} \tag{6.3}$$

とおいた．式 (6.2) は，これまで見てきた回路網のインピーダンス表現である．

つぎに，式 (6.3) の行列とベクトルをつぎのように分割して考えよう．

$$\begin{bmatrix} \boldsymbol{Z}_{aa} & \boldsymbol{Z}_{ab} \\ \boldsymbol{Z}_{ba} & \boldsymbol{Z}_{bb} \end{bmatrix} \begin{bmatrix} \boldsymbol{i}_a \\ \boldsymbol{i}_b \end{bmatrix} = \begin{bmatrix} \boldsymbol{v}_a \\ \boldsymbol{0} \end{bmatrix} \tag{6.4}$$

ここで，$\boldsymbol{Z}_{aa}$ は 2×2 行列，$\boldsymbol{Z}_{ab}$ は $2 \times (n-2)$ 行列，$\boldsymbol{Z}_{ba}$ は $(n-2) \times 2$ 行列，$\boldsymbol{Z}_{bb}$ は $(n-2) \times (n-2)$ 行列である．また，$\boldsymbol{i}_a$ は 2 次元ベクトル，$\boldsymbol{i}_b$ は $(n-2)$ 次元ベクトル，$\boldsymbol{v}_a$ は 2 次元ベクトル，$\boldsymbol{0}$ は $(n-2)$ 次元ゼロベクトルである．

式 (6.4) を二つの方程式に書き直すと，

$$\boldsymbol{Z}_{aa}\boldsymbol{i}_a + \boldsymbol{Z}_{ab}\boldsymbol{i}_b = \boldsymbol{v}_a \tag{6.5}$$

$$\boldsymbol{Z}_{ba}\boldsymbol{i}_a + \boldsymbol{Z}_{bb}\boldsymbol{i}_b = \boldsymbol{0} \tag{6.6}$$

が得られる．ここで，

$$\boldsymbol{i}_b = [\,i_3, ..., i_n\,]^T$$

を回路中の隠れたループ電流と呼ぶことにする．

式 (6.5)，式 (6.6) から i_b を消去しよう．まず，式 (6.6) より，次式が得られる．

$$\boldsymbol{i}_b = -\boldsymbol{Z}_{bb}^{-1}\boldsymbol{Z}_{ba}\boldsymbol{i}_a \tag{6.7}$$

これを式 (6.5) に代入すると，次式が得られる．

$$\left(\boldsymbol{Z}_{aa} - \boldsymbol{Z}_{ab}\boldsymbol{Z}_{bb}^{-1}\boldsymbol{Z}_{ba}\right)\boldsymbol{i}_a = \boldsymbol{v}_a \tag{6.8}$$

ここで式 (6.8) 左辺のかっこ内は 2×2 行列であることに注意する[1]．この行列を

$$\bm{Z} = \bm{Z}_{aa} - \bm{Z}_{ab}\bm{Z}_{bb}^{-1}\bm{Z}_{ba} = \begin{bmatrix} Z_{11} & Z_{12} \\ Z_{21} & Z_{22} \end{bmatrix} \tag{6.9}$$

と定義すると，

$$\begin{bmatrix} Z_{11} & Z_{12} \\ Z_{21} & Z_{22} \end{bmatrix} \begin{bmatrix} i_1 \\ i_2 \end{bmatrix} = \begin{bmatrix} v_1 \\ v_2 \end{bmatrix} \tag{6.10}$$

が得られる．また，

$$\bm{i} = \begin{bmatrix} i_1 \\ i_2 \end{bmatrix}, \quad \bm{v} = \begin{bmatrix} v_1 \\ v_2 \end{bmatrix} \tag{6.11}$$

と新たに定義すると，式 (6.10) は次式のようになる．

$$\bm{Z}\bm{i} = \bm{v} \tag{6.12}$$

この式は，2 端子対回路の 1 次側の電圧・電流と 2 次側の電圧・電流の関係を記述したものであり，式 (6.9) の行列 $\bm{Z}$ を **2 端子対回路のインピーダンス行列**（あるいは **Z 行列**）という．また，インピーダンス行列の要素 $Z_{11}, Z_{12}, Z_{21}, Z_{22}$ を **Z パラメータ**という．

例題 6.1

下図の 2 端子対回路（この回路は，回路の形から **T 形回路**と呼ばれる）の Z 行列を求めよ．

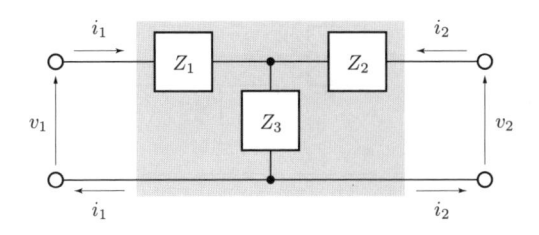

---

[1] 特に，この場合のように正方行列でない長方行列の取り扱いに慣れていない読者は，式変形を確認しておいてほしい（演習問題 6-1 を参照）．

解答 図 6-3 に示すように，ループ電流を定義してループ解析を適用すると，

$$\begin{bmatrix} Z_1 + Z_3 & Z_3 \\ Z_3 & Z_2 + Z_3 \end{bmatrix} \begin{bmatrix} i_1 \\ i_2 \end{bmatrix} = \begin{bmatrix} v_1 \\ v_2 \end{bmatrix}$$

が得られる．したがって，この例の場合には，2 端子対回路の中に隠れたループ電流は存在しないので，インピーダンス行列は次式となる．

$$\boldsymbol{Z} = \begin{bmatrix} Z_1 + Z_3 & Z_3 \\ Z_3 & Z_2 + Z_3 \end{bmatrix}$$

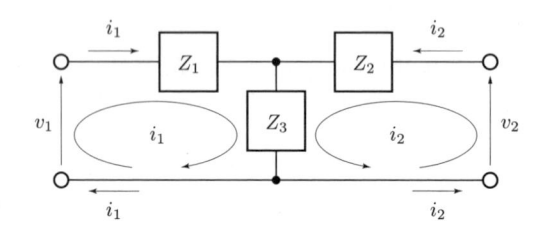

図 6-3 例題 6.1 の解法

例題 6.2

下図の 2 端子対回路の Z 行列を求めよ．

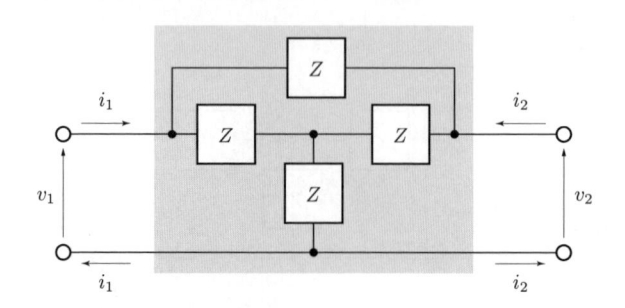

解答 図 6-4 に示すように，2 端子対回路の中に電流 i_3 を定義する．この回路網にループ解析を適用すると，

$$Z(i_1 - i_3) + Z(i_1 + i_2) = v_1$$
$$Z(i_2 + i_3) + Z(i_2 + i_1) = v_2$$
$$Zi_3 + Z(i_3 + i_2) + Z(i_3 - i_1) = 0$$

が得られる．これを行列・ベクトル表現すると，つぎの連立方程式が得られる．

$$\begin{bmatrix} 2Z & Z & -Z \\ Z & 2Z & Z \\ -Z & Z & 3Z \end{bmatrix} \begin{bmatrix} i_1 \\ i_2 \\ i_3 \end{bmatrix} = \begin{bmatrix} v_1 \\ v_2 \\ 0 \end{bmatrix}$$

この方程式から，隠れたループ電流 i_3 を消去すればよい．前述の公式を利用すると，Z 行列はつぎのように計算できる．

$$\boldsymbol{Z} = \boldsymbol{Z}_{aa} - \boldsymbol{Z}_{ab}\boldsymbol{Z}_{bb}^{-1}\boldsymbol{Z}_{ba}$$
$$= \begin{bmatrix} 2Z & Z \\ Z & 2Z \end{bmatrix} - \begin{bmatrix} -Z \\ Z \end{bmatrix} \frac{1}{3Z} \begin{bmatrix} -Z & Z \end{bmatrix}$$
$$= \begin{bmatrix} 2Z & Z \\ Z & 2Z \end{bmatrix} - \frac{1}{3}\begin{bmatrix} Z & -Z \\ -Z & Z \end{bmatrix} = \frac{1}{3}\begin{bmatrix} 5Z & 4Z \\ 4Z & 5Z \end{bmatrix}$$

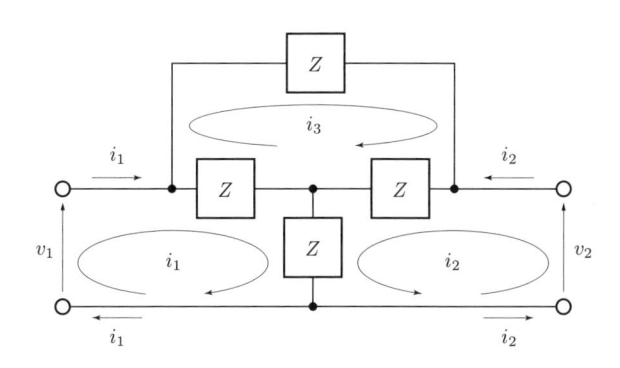

図 6-4 例題 6.2 の解法

6.1.2 Zパラメータの意味

式 (6.10) を二つの連立方程式に書き直すと，次式が得られる．

$$Z_{11}i_1 + Z_{12}i_2 = v_1 \tag{6.13}$$
$$Z_{21}i_1 + Z_{22}i_2 = v_2 \tag{6.14}$$

これらの式から Z パラメータの意味について考えよう．

まず，式 (6.13) より，次式が得られる．

$$Z_{11} = \left.\frac{v_1}{i_1}\right|_{i_2=0} \tag{6.15}$$

この式は，2次側の電流 i_2 を 0 としたときの 1 次側の電圧と電流の比が Z_{11} パラメータであることを意味している．$i_2 = 0$ とは 2 次側を開放することに対応する．これより，パラメータ Z_{11} は 2 次側を開放したときの，1 次側から見たインピーダンスであることがわかる．

同様にして，式 (6.14) より，次式が得られる．

$$Z_{22} = \left.\frac{v_2}{i_2}\right|_{i_1=0} \tag{6.16}$$

したがって，パラメータ Z_{22} は 1 次側を開放したときの，2 次側から見たインピーダンスである．このとき，Z_{11}，Z_{22} は**駆動点インピーダンス**（driving point impedance）と呼ばれ，これらを図 6-5 に示した．

つぎに，パラメータ Z_{12}，Z_{21} は次式のように計算できる．

$$Z_{12} = \left.\frac{v_1}{i_2}\right|_{i_1=0}, \quad Z_{21} = \left.\frac{v_2}{i_1}\right|_{i_2=0} \tag{6.17}$$

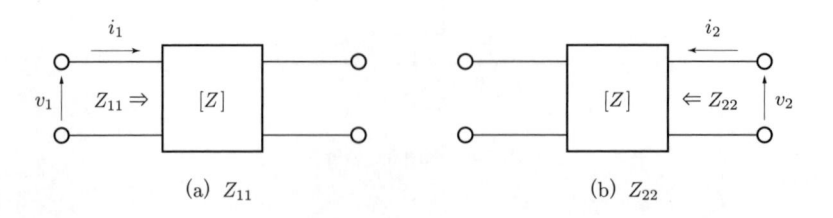

(a) Z_{11}　　(b) Z_{22}

図 6-5　駆動点インピーダンス

これらのパラメータは**伝達インピーダンス**（transfer impedance）と呼ばれ，これらを図 6-6 に示した．

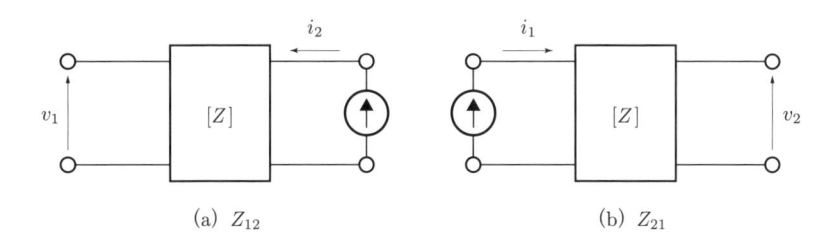

(a) Z_{12} (b) Z_{21}

図 6-6　伝達インピーダンス

例題 6.3

例題 6.1 の T 形回路の Z パラメータを本項で述べた方法を用いて導出せよ．

解答　まず，駆動点インピーダンスを求めるための図を図 6-7 に示した．(a) に Z_{11} の求め方を示した．図では 2 次側を開放している．図より明らかなように，駆動点インピーダンス Z_{11} は，

$$Z_{11} = Z_1 + Z_3$$

となる．同様にして，Z_{22} は図 6-7 (b) より，次式となる．

$$Z_{22} = Z_2 + Z_3$$

つぎに，伝達インピーダンス Z_{12} を求めるための図を図 6-8 に示した．図では，

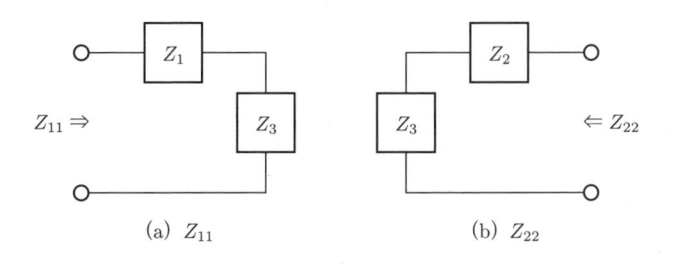

(a) Z_{11} (b) Z_{22}

図 6-7　例題 6.3 の解法（駆動点インピーダンス）

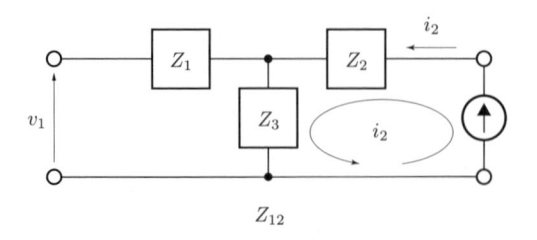

図 6-8 例題 6.3 の解法（伝達インピーダンス）

1次側を開放にして，2次側に電流源 i_2 を接続した．図において，インピーダンス Z_2 に着目すると，

$$v_1 = Z_3 i_2$$

が得られる．したがって，

$$Z_{12} = \frac{v_1}{i_2} = Z_3$$

が得られる．同様にして，次式が得られる．

$$Z_{21} = \frac{v_2}{i_1} = Z_3$$

❖ ポイント 6.1 ❖　受動素子

抵抗 R，インダクタ L，キャパシタ C のような素子からなる回路を**受動回路** (passive network) という．それに対して，本書の範囲を超えるが，**能動回路** (active network) とは真空管やトランジスタを含む回路のことをいう．

　2端子対回路が受動回路であれば，そのインピーダンス行列は対称行列になる．すなわち，$Z_{12} = Z_{21}$ が成り立つ．このとき，この回路は**可逆回路**と呼ばれる．

6.1.3 2端子対回路の直列接続

二つの2端子対回路を図6-9のように接続することを**直列接続**（series connection）という．

まず，回路Iにおけるインピーダンス表現は，

$$\begin{bmatrix} Z_{11}^{(I)} & Z_{12}^{(I)} \\ Z_{21}^{(I)} & Z_{22}^{(I)} \end{bmatrix} \begin{bmatrix} i_1 \\ i_2 \end{bmatrix} = \begin{bmatrix} v_1^{(I)} \\ v_2^{(I)} \end{bmatrix} \tag{6.18}$$

となり，回路IIにおけるそれは次式となる．

$$\begin{bmatrix} Z_{11}^{(II)} & Z_{12}^{(II)} \\ Z_{21}^{(II)} & Z_{22}^{(II)} \end{bmatrix} \begin{bmatrix} i_1 \\ i_2 \end{bmatrix} = \begin{bmatrix} v_1^{(II)} \\ v_2^{(II)} \end{bmatrix} \tag{6.19}$$

いま，

$$v_1 = v_1^{(I)} + v_1^{(II)}, \quad v_2 = v_2^{(I)} + v_2^{(II)}, \tag{6.20}$$

なので，次式が得られる．

$$\begin{bmatrix} v_1 \\ v_2 \end{bmatrix} = \begin{bmatrix} v_1^{(I)} \\ v_2^{(I)} \end{bmatrix} + \begin{bmatrix} v_1^{(II)} \\ v_2^{(II)} \end{bmatrix}$$

$$= \left\{ \begin{bmatrix} Z_{11}^{(I)} & Z_{12}^{(I)} \\ Z_{21}^{(I)} & Z_{22}^{(I)} \end{bmatrix} + \begin{bmatrix} Z_{11}^{(II)} & Z_{12}^{(II)} \\ Z_{21}^{(II) } & Z_{22}^{(II)} \end{bmatrix} \right\} \begin{bmatrix} i_1 \\ i_2 \end{bmatrix}$$

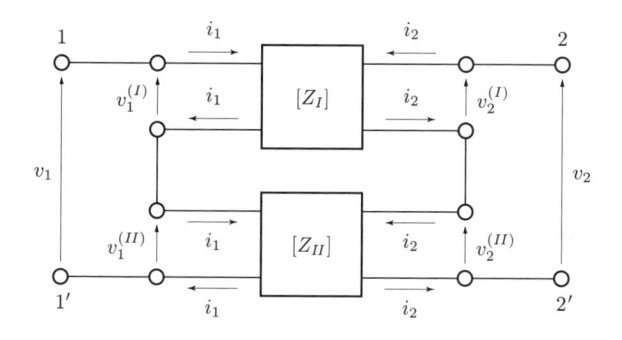

図 6-9　2端子対回路の直列接続

これより，

$$\begin{bmatrix} v_1 \\ v_2 \end{bmatrix} = \begin{bmatrix} Z_{11}^{(I)} + Z_{11}^{(II)} & Z_{12}^{(I)} + Z_{12}^{(II)} \\ Z_{21}^{(I)} + Z_{21}^{(II)} & Z_{22}^{(I)} + Z_{22}^{(II)} \end{bmatrix} \begin{bmatrix} i_1 \\ i_2 \end{bmatrix} \tag{6.21}$$

が得られる．このように，2端子対回路を直列接続した場合，全体のインピーダンス行列は，それぞれのインピーダンス行列の和になる．インピーダンス表現は（2端子対回路の）直列接続に適していることがわかり，これはこれまで本書で説明してきたことと同じ結果である．

6.2　2端子対回路のアドミタンス行列

6.2.1　ノード解析を用いたアドミタンス行列の計算

図 6-10 に示したように，2端子対回路の1次側に電流源 i_1 を，2次側に電流源 i_2 を接続し，1次側には電圧 v_1 が，2次側には電圧 v_2 が生じるものとする．

この2端子対回路が $(n+1)$ 個のノードをもつ場合，つぎのノード方程式が得られる．

$$\begin{bmatrix} \bar{Y}_{11} & \bar{Y}_{12} & \bar{Y}_{13} & \cdots & \bar{Y}_{1n} \\ \bar{Y}_{21} & \bar{Y}_{22} & \bar{Y}_{23} & \cdots & \bar{Y}_{2n} \\ \bar{Y}_{31} & \bar{Y}_{32} & \bar{Y}_{33} & \cdots & \bar{Y}_{3n} \\ \vdots & \vdots & \vdots & & \vdots \\ \bar{Y}_{n1} & \bar{Y}_{n2} & \bar{Y}_{n3} & \cdots & \bar{Y}_{nn} \end{bmatrix} \begin{bmatrix} v_1 \\ v_2 \\ v_3 \\ \vdots \\ v_n \end{bmatrix} = \begin{bmatrix} i_1 \\ i_2 \\ 0 \\ \vdots \\ 0 \end{bmatrix} \tag{6.22}$$

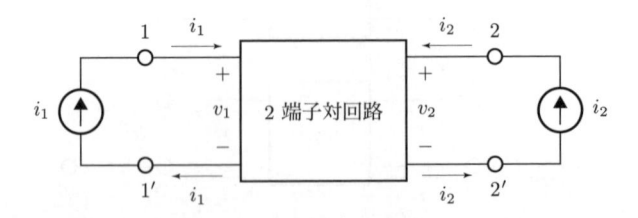

図 6-10　ノード解析を用いたアドミタンス行列の計算

これを行列・ベクトル表現すると，次式が得られる．

$$\bar{Y}\bar{v} = \bar{i} \tag{6.23}$$

ただし，

$$\bar{Y} = \begin{bmatrix} \bar{Y}_{11} & \bar{Y}_{12} & \bar{Y}_{13} & \cdots & \bar{Y}_{1n} \\ \bar{Y}_{21} & \bar{Y}_{22} & \bar{Y}_{23} & \cdots & \bar{Y}_{2n} \\ \bar{Y}_{31} & \bar{Y}_{32} & \bar{Y}_{33} & \cdots & \bar{Y}_{3n} \\ \vdots & \vdots & \vdots & & \vdots \\ \bar{Y}_{n1} & \bar{Y}_{n2} & \bar{Y}_{n3} & \cdots & \bar{Y}_{nn} \end{bmatrix}, \quad \bar{v} = \begin{bmatrix} v_1 \\ v_2 \\ v_3 \\ \vdots \\ v_n \end{bmatrix}, \quad \bar{i} = \begin{bmatrix} i_1 \\ i_2 \\ 0 \\ \vdots \\ 0 \end{bmatrix} \tag{6.24}$$

とおいた．式(6.23)は，これまで見てきた回路網のアドミタンス表現である．

前節で与えた手順と同様に，式(6.22)中の行列をつぎのように分割して考えよう．

$$\begin{bmatrix} Y_{aa} & Y_{ab} \\ Y_{ba} & Y_{bb} \end{bmatrix} \begin{bmatrix} v_a \\ v_b \end{bmatrix} = \begin{bmatrix} i_a \\ 0 \end{bmatrix} \tag{6.25}$$

ここで，Y_{aa} は 2×2 行列，Y_{ab} は $2 \times (n-2)$ 行列，Y_{ba} は $(n-2) \times 2$ 行列，Y_{bb} は $(n-2) \times (n-2)$ 行列である．また，v_a は2次元ベクトル，v_b は $(n-2)$ 次元ベクトル，i_a は2次元ベクトル，$\mathbf{0}$ は $(n-2)$ 次元ゼロベクトルである．

式(6.25)を二つの方程式に書き直すと，

$$Y_{aa}v_a + Y_{ab}v_b = i_a \tag{6.26}$$
$$Y_{ba}v_a + Y_{bb}v_b = \mathbf{0} \tag{6.27}$$

が得られる．ここで，

$$v_b = [v_3, ..., v_n]^T$$

は回路中の隠れた電圧なので，式(6.26)，式(6.27)から v_b を消去しよう．

式(6.27)より，次式が得られる．

$$v_b = -Y_{bb}^{-1} Y_{ba} v_a \tag{6.28}$$

これを式 (6.26) に代入すると，次式が得られる．

$$\left(\boldsymbol{Y}_{aa} - \boldsymbol{Y}_{ab}\boldsymbol{Y}_{bb}^{-1}\boldsymbol{Y}_{ba}\right)\boldsymbol{v}_a = \boldsymbol{i}_a \tag{6.29}$$

ここで式 (6.29) 左辺のかっこ内の 2×2 行列を

$$\boldsymbol{Y} = \begin{bmatrix} Y_{11} & Y_{12} \\ Y_{21} & Y_{22} \end{bmatrix} \tag{6.30}$$

と定義すると，

$$\begin{bmatrix} Y_{11} & Y_{12} \\ Y_{21} & Y_{22} \end{bmatrix} \begin{bmatrix} v_1 \\ v_2 \end{bmatrix} = \begin{bmatrix} i_1 \\ i_2 \end{bmatrix} \tag{6.31}$$

が得られる．また，

$$\boldsymbol{v} = \begin{bmatrix} v_1 \\ I_2 \end{bmatrix}, \quad \boldsymbol{i} = \begin{bmatrix} i_1 \\ i_2 \end{bmatrix} \tag{6.32}$$

と新たに定義すると，式 (6.31) は次式のようになる．

$$\boldsymbol{Y}\boldsymbol{v} = \boldsymbol{i} \tag{6.33}$$

この式は，2 端子対回路の 1 次側の電圧・電流と 2 次側の電圧・電流の関係を記述したものであり，式 (6.30) の行列 $\boldsymbol{Y}$ を **2 端子対回路のアドミタンス行列**（あるいは **$\boldsymbol{Y}$ 行列**）という．また，アドミタンス行列の要素 Y_{11}, Y_{12}, Y_{21}, Y_{22} を **$\boldsymbol{Y}$ パラメータ**という．

2 端子対回路のインピーダンス行列 $\boldsymbol{Z}$ とアドミタンス行列 $\boldsymbol{Y}$ の間には，つぎの関係式が成り立つ．

$$\boldsymbol{Y} = \boldsymbol{Z}^{-1} \tag{6.34}$$

例題 6.4

例題 6.1 で与えた 2 端子対回路の Y 行列を求めよ．

解答 例題 6.1 で計算したインピーダンス行列の結果より，アドミタンス行列はつぎのようになる．

$$\boldsymbol{Y} = \boldsymbol{Z}^{-1} = \frac{1}{Z_1 Z_2 + Z_2 Z_3 + Z_3 Z_1} \begin{bmatrix} Z_2 + Z_3 & -Z_3 \\ -Z_3 & Z_1 + Z_3 \end{bmatrix}$$

例題 6.5

下図の 2 端子対回路（これは回路の形から π 形回路と呼ばれる）の Y 行列を求めよ．

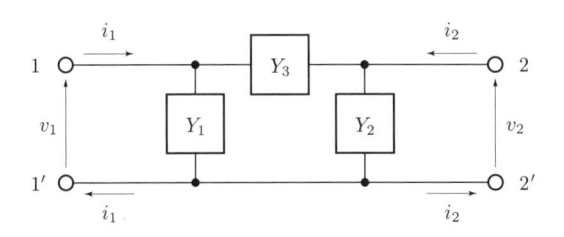

解答 図 6-11 のように，$1'$–$2'$ 側を接地し（すなわち，0 V とし），ノード n_1 と n_2 を定義すると，それらのノードにおける電圧は，それぞれ v_1, v_2 となる．それぞれのノードに対してノード解析を適用すると，次式が得られる．

$$Y_1 v_1 + Y_3(v_1 - v_2) = i_1$$
$$Y_2 v_2 + Y_3(v_2 - v_1) = i_2$$

これらを行列・ベクトル形式で表現すると，

$$\begin{bmatrix} Y_1 + Y_3 & -Y_3 \\ -Y_3 & Y_2 + Y_3 \end{bmatrix} \begin{bmatrix} v_1 \\ v_2 \end{bmatrix} = \begin{bmatrix} i_1 \\ i_2 \end{bmatrix}$$

この例では，2 端子対回路内に隠れた電圧がないため，左辺の行列がそのまま 2 端子対回路の Y 行列である．

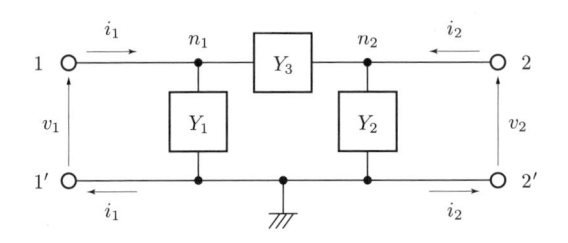

図 6-11　例題 6.5 の解法（π 形回路のノード解析）

6.2.2　Y パラメータの意味

式 (6.31) を二つの連立方程式に書き直すと，次式が得られる．

$$Y_{11}v_1 + Y_{12}v_2 = i_1 \tag{6.35}$$

$$Y_{21}v_1 + Y_{22}v_2 = i_2 \tag{6.36}$$

これらの式から Y パラメータの意味について考えよう．

まず，式 (6.35) より，次式が得られる．

$$Y_{11} = \left.\frac{i_1}{v_1}\right|_{v_2=0} \tag{6.37}$$

この式は，2次側の電圧 v_2 を 0 としたときの 1 次側の電流と電圧の比が Y_{11} パラメータであることを意味している．$v_2 = 0$ は 2 次側を短絡することに対応する．これより，パラメータ Y_{11} は 2 次側を短絡したときの，1 次側から見たアドミタンスであることがわかる．

同様にして，式 (6.36) より，次式が得られる．

$$Y_{22} = \left.\frac{i_2}{v_2}\right|_{v_1=0} \tag{6.38}$$

したがって，パラメータ Y_{22} は 1 次側を短絡したときの，2 次側から見たアドミタンスである．このとき，Y_{11}, Y_{22} は **駆動点アドミタンス** (driving point admittance) と呼ばれ，これらを図 6-12 に示した．

つぎに，パラメータ Y_{12}, Y_{21} は次式のように計算できる．

$$Y_{12} = \left.\frac{i_1}{v_2}\right|_{v_1=0}, \quad Y_{21} = \left.\frac{i_2}{v_1}\right|_{v_2=0} \tag{6.39}$$

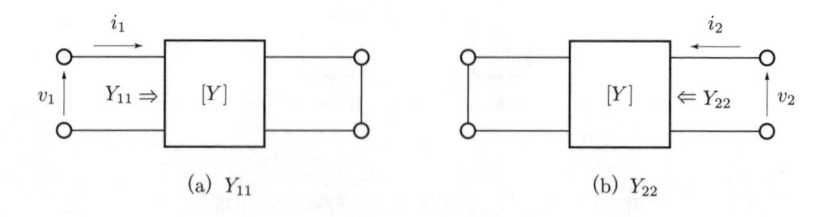

図 6-12　駆動点アドミタンス

これらのパラメータは**伝達アドミタンス**（transfer admittance）と呼ばれ，これらを図 6-13 に示した．

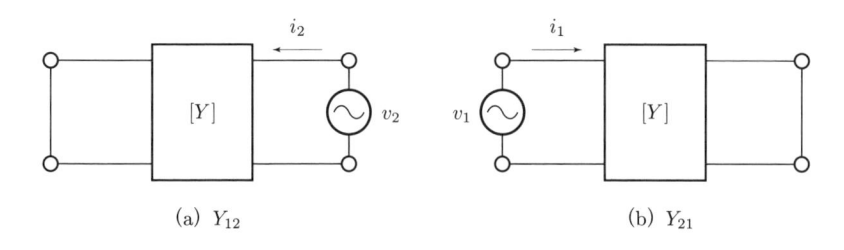

(a) Y_{12} (b) Y_{21}

図 6-13　伝達アドミタンス

例題 6.6

例題 6.5 の π 形回路の Y パラメータを本項で述べた方法を用いて導出せよ．

解答　まず，駆動点アドミタンスを求めるための図を図 6-14 に示した．(a) に Y_{11} の求め方を示した．図では 2 次側を短絡している．図より明らかなように，駆動点アドミタンス Y_{11} は，

$$Y_{11} = Y_1 + Y_3$$

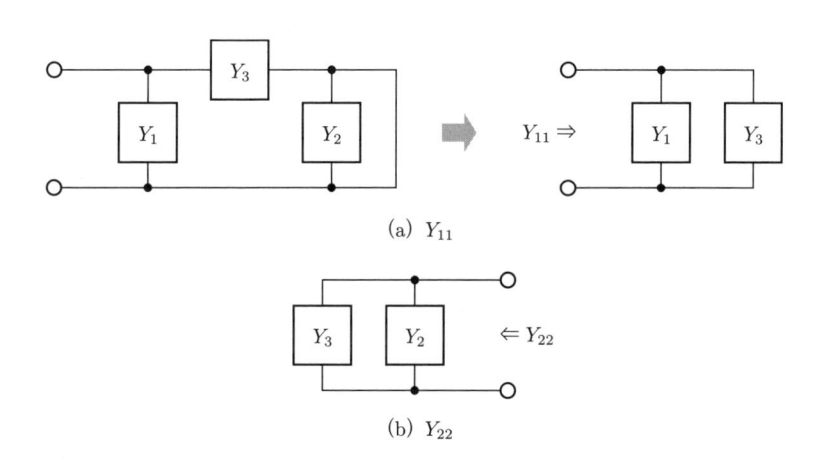

(a) Y_{11}

(b) Y_{22}

図 6-14　例題 6.6 の解法（駆動点アドミタンス）

となる.同様にして,Y_{22} は図 6-14 より,次式となる.

$$Y_{22} = Y_2 + Y_3$$

つぎに,伝達アドミタンス Y_{12} を求めるための図を図 6-15 に示した.図では,1 次側を短絡し,2 次側に電圧源 v_2 を接続した.図において,アドミタンス Y_3 に着目すると,

$$i_1 = -Y_3 v_2$$

が得られる.したがって,

$$Y_{12} = -\frac{i_1}{v_2} = -Y_3$$

が得られる.同様にして,次式が得られる.

$$Y_{21} = \frac{i_2}{v_1} = Y_3$$

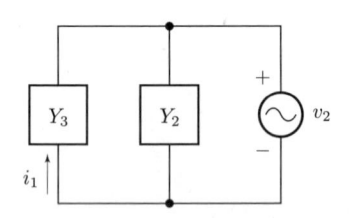

図 6-15 例題 6.6 の解法(伝達アドミタンス)

ポイント 6.1 より自明ではあるが,つぎのポイントを与えておこう.

❖ ポイント 6.2 ❖
2 端子対回路が R, L, C のような素子で構成される受動回路ならば,そのアドミタンス行列は対称行列になる.すなわち,$Y_{12} = Y_{21}$ が成り立つ.

6.2.3　2端子対回路の並列接続

二つの 2 端子対回路を図 6-16 のように接続することを**並列接続**（parallel connection）という．

まず，回路 I のアドミタンス表現は，

$$\begin{bmatrix} Y_{11}^{(I)} & Y_{12}^{(I)} \\ Y_{21}^{(I)} & Y_{22}^{(I)} \end{bmatrix} \begin{bmatrix} v_1 \\ v_2 \end{bmatrix} = \begin{bmatrix} i_1^{(I)} \\ i_2^{(I)} \end{bmatrix} \tag{6.40}$$

となり，回路 II におけるそれは次式となる．

$$\begin{bmatrix} Y_{11}^{(II)} & Y_{12}^{(II)} \\ Y_{21}^{(II)} & Y_{22}^{(II)} \end{bmatrix} \begin{bmatrix} v_1 \\ v_2 \end{bmatrix} = \begin{bmatrix} i_1^{(II)} \\ i_2^{(II)} \end{bmatrix} \tag{6.41}$$

いま，

$$i_1 = i_1^{(I)} + i_1^{(II)}, \quad i_2 = i_2^{(I)} + i_2^{(II)} \tag{6.42}$$

なので，

$$\begin{bmatrix} i_1 \\ i_2 \end{bmatrix} = \begin{bmatrix} i_1^{(I)} \\ i_2^{(I)} \end{bmatrix} + \begin{bmatrix} i_1^{(II)} \\ i_2^{(II)} \end{bmatrix}$$

$$= \left\{ \begin{bmatrix} Y_{11}^{(I)} & Y_{12}^{(I)} \\ Y_{21}^{(I)} & Y_{22}^{(I)} \end{bmatrix} + \begin{bmatrix} Y_{11}^{(II)} & Y_{12}^{(II)} \\ Y_{21}^{(II)} & Y_{22}^{(II)} \end{bmatrix} \right\} \begin{bmatrix} v_1 \\ v_2 \end{bmatrix}$$

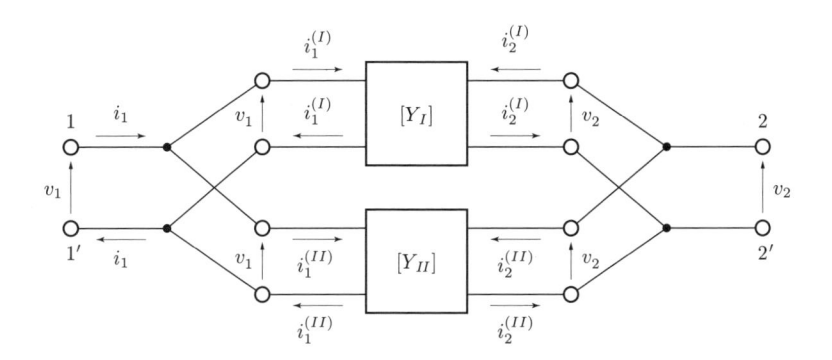

図 6-16　2 端子対回路の並列接続

これより，

$$\begin{bmatrix} i_1 \\ i_2 \end{bmatrix} = \begin{bmatrix} Y_{11}^{(I)} + Y_{11}^{(II)} & Y_{12}^{(I)} + Y_{12}^{(II)} \\ Y_{21}^{(I)} + Y_{21}^{(II)} & Y_{22}^{(I)} + Y_{22}^{(II)} \end{bmatrix} \begin{bmatrix} v_1 \\ v_2 \end{bmatrix} \tag{6.43}$$

が得られる．このように，2端子対回路を並列接続した場合，全体のアドミタンス行列は，それぞれのアドミタンス行列の和になる．したがって，2端子対回路のアドミタンス表現は並列接続に適したものであることがわかる．

6.3　伝送行列

1次側の電圧・電流 (v_1, i_1) と2次側の電圧・電流 (v_2, i_2) の間の関係を次式のように与えよう（図6-17）．

$$\begin{bmatrix} v_1 \\ i_1 \end{bmatrix} = \begin{bmatrix} A & B \\ C & D \end{bmatrix} \begin{bmatrix} v_2 \\ -i_2 \end{bmatrix} \tag{6.44}$$

ここで，2次側の電流 i_2 の向きに注意しよう．このようにして定義した行列

$$\boldsymbol{F} = \begin{bmatrix} A & B \\ C & D \end{bmatrix} \tag{6.45}$$

を**伝送行列**（transmission matrix）という．これは，**縦続行列**（chain matrix），あるいは $\boldsymbol{F}$ **行列**（fundamental matrix）とも呼ばれる．また，A, B, C, D は**4端子定数**と呼ばれる．

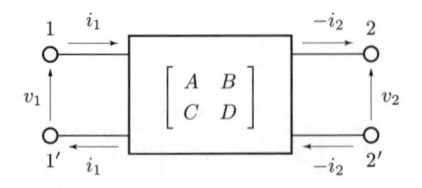

図6-17　伝送行列

6.3.1 Z 行列から F 行列への変換

まず，インピーダンス行列 Z から伝送行列 F を導出してみよう．インピーダンス表現の連立方程式を再び以下に書く．

$$Z_{11}i_1 + Z_{12}i_2 = v_1 \tag{6.46}$$

$$Z_{21}i_1 + Z_{22}i_2 = v_2 \tag{6.47}$$

式 (6.47) より，

$$i_1 = \frac{1}{Z_{21}}(v_2 - Z_{22}i_2) \tag{6.48}$$

が得られる．式 (6.48) を式 (6.46) に代入して整理すると，次式が得られる．

$$v_1 = \frac{Z_{11}}{Z_{21}}v_2 - \frac{1}{Z_{21}}(Z_{11}Z_{22} - Z_{12}Z_{21})i_2 \tag{6.49}$$

式 (6.49) を式 (6.46) に代入して整理すると，次式が得られる．

$$i_1 = \frac{1}{Z_{21}}v_2 - \frac{Z_{22}}{Z_{21}}i_2 \tag{6.50}$$

式 (6.49)，式 (6.50) をまとめると，

$$\begin{bmatrix} v_1 \\ i_1 \end{bmatrix} = \frac{1}{Z_{21}} \begin{bmatrix} Z_{11} & Z_{11}Z_{22} - Z_{12}Z_{21} \\ 1 & Z_{22} \end{bmatrix} \begin{bmatrix} v_2 \\ -i_2 \end{bmatrix} \tag{6.51}$$

が得られ，伝送行列は次式のようになる．

$$F = \frac{1}{Z_{21}} \begin{bmatrix} Z_{11} & Z_{11}Z_{22} - Z_{12}Z_{21} \\ 1 & Z_{22} \end{bmatrix} \tag{6.52}$$

6.3.2 Y 行列から F 行列への変換

アドミタンス行列 Y から伝送行列 F を導出してみよう．アドミタンス表現の連立方程式を再び以下に書く．

$$Y_{11}v_1 + Y_{12}v_2 = i_1 \tag{6.53}$$

$$Y_{21}v_1 + Y_{22}v_2 = i_2 \tag{6.54}$$

前項と同様の手順により,

$$\begin{bmatrix} v_1 \\ i_1 \end{bmatrix} = \frac{1}{Y_{21}} \begin{bmatrix} -Y_{22} & -1 \\ Y_{12}Y_{21} - Y_{11}Y_{22} & -Y_{11} \end{bmatrix} \begin{bmatrix} v_2 \\ -i_2 \end{bmatrix} \tag{6.55}$$

が得られ（導出は読者への演習問題 (6-2) にしよう），伝送行列は次式となる．

$$\bm{F} = \frac{1}{Y_{21}} \begin{bmatrix} -Y_{22} & -1 \\ Y_{12}Y_{21} - Y_{11}Y_{22} & -Y_{11} \end{bmatrix} \tag{6.56}$$

6.3.3 理想変成器

2.6 節で与えた理想変成器（図 6-18）は 2 端子対回路であると考えることができる．2.6 節の結果より，次式が成り立つ．

$$v_1 = av_2$$
$$i_1 = -\frac{1}{a}i_2$$

ただし，a は 1 次側と 2 次側の巻線比である．これより

$$|v_1 i_1| = \left| av_2 \cdot \left(-\frac{1}{a}i_2\right) \right| = |v_2 i_2|$$

が得られる．よって，理想変成器とは，1 次側の電力が損失なく 2 次側にすべて伝達されることを意味しており，このような回路を**無損失回路**（lossless network）という．

このとき,

$$\begin{bmatrix} v_1 \\ i_1 \end{bmatrix} = \begin{bmatrix} a & 0 \\ 0 & \frac{1}{a} \end{bmatrix} \begin{bmatrix} v_2 \\ -i_2 \end{bmatrix} \tag{6.57}$$

が得られる．よって，理想変成器の伝送行列は

$$\bm{F} = \begin{bmatrix} a & 0 \\ 0 & \frac{1}{a} \end{bmatrix} \tag{6.58}$$

となる．ただし，理想変成器のインピーダンス行列とアドミタンス行列は存在しない．

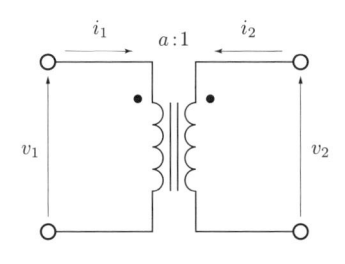

図 6-18　理想変成器

6.3.4　2 端子対回路の縦続接続

図 6-19 に示したように，二つの 2 端子対回路 I と II が接続されているとき，これを**縦続接続**（cascade connection）という．

図のそれぞれの 2 端子対回路を伝送行列を用いて記述すると，次式が得られる．

$$\text{I}: \begin{bmatrix} v_1 \\ i_1 \end{bmatrix} = \begin{bmatrix} A_I & B_I \\ C_I & D_I \end{bmatrix} \begin{bmatrix} v_2 \\ -i_2 \end{bmatrix} \tag{6.59}$$

$$\text{II}: \begin{bmatrix} v_3 \\ i_3 \end{bmatrix} = \begin{bmatrix} A_{II} & B_{II} \\ C_{II} & D_{II} \end{bmatrix} \begin{bmatrix} v_4 \\ -i_4 \end{bmatrix} \tag{6.60}$$

いま，$v_2 = v_3$，$-i_2 = i_3$ なので，これらの式より，次式が得られる．

$$\begin{bmatrix} v_1 \\ i_1 \end{bmatrix} = \begin{bmatrix} A_I & B_I \\ C_I & D_I \end{bmatrix} \begin{bmatrix} A_{II} & B_{II} \\ C_{II} & D_{II} \end{bmatrix} \begin{bmatrix} v_4 \\ -i_4 \end{bmatrix} \tag{6.61}$$

このように縦続接続された回路全体の伝送行列は，それぞれの伝送行列の積になっている．縦続接続するためには，2 次側の電流にマイナス符号をつけておいたほうが都合が良いことは，図 6-19 より明らかだろう．

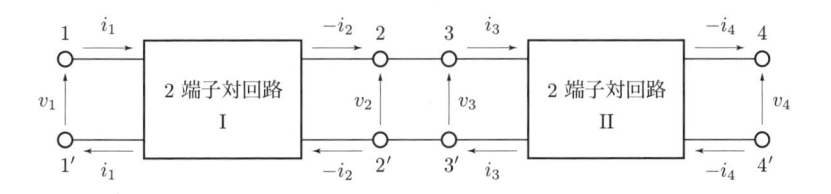

図 6-19　2 端子対回路の縦続接続

(a) 直列素子

図 6-20 (a) より，つぎの回路方程式が得られる．

$$v_1 = -Z_1 i_2 + v_2 \quad (= Z_1 i_1 + v_2) \tag{6.62}$$
$$i_1 = -i_2 \tag{6.63}$$

これより，次式が得られる．

$$\begin{bmatrix} v_1 \\ i_1 \end{bmatrix} = \begin{bmatrix} 1 & Z_1 \\ 0 & 1 \end{bmatrix} \begin{bmatrix} v_2 \\ -i_2 \end{bmatrix} \tag{6.64}$$

このときの伝送行列（F_1 とする）は次式となる．

$$F_1 = \begin{bmatrix} 1 & Z_1 \\ 0 & 1 \end{bmatrix} \tag{6.65}$$

つぎに，式 (6.62)，式 (6.63) より，次式が得られる．

$$\begin{bmatrix} i_1 \\ i_2 \end{bmatrix} = \frac{1}{Z_1} \begin{bmatrix} -1 & 1 \\ 1 & -1 \end{bmatrix} \begin{bmatrix} v_1 \\ v_2 \end{bmatrix} \tag{6.66}$$

このときのアドミタンス行列（Y_1 とする）は

$$Y_1 = \frac{1}{Z_1} \begin{bmatrix} -1 & 1 \\ 1 & -1 \end{bmatrix} \tag{6.67}$$

(a) 直列素子　　　　　　(b) 並列素子

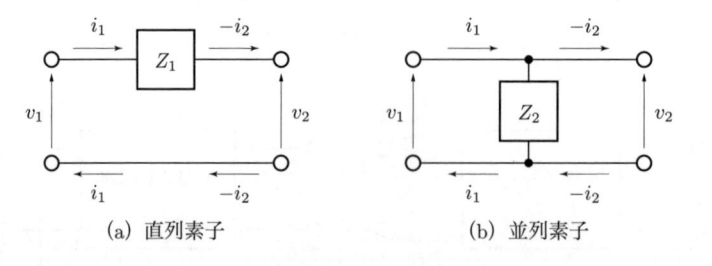

図 6-20　直列素子と並列素子

となる．この行列のランクは 1 なので，逆行列は存在しない．よって，インピーダンス行列 Z_1 は定まらないことに注意する．

(b) 並列素子

図 6-20 (b) より，つぎの回路方程式が得られる．

$$v_1 = v_2 \tag{6.68}$$

$$i_1 = \frac{v_2}{Z_2} - i_2 \tag{6.69}$$

これより，次式が得られる．

$$\begin{bmatrix} v_1 \\ i_1 \end{bmatrix} = \begin{bmatrix} 1 & 0 \\ \dfrac{1}{Z_2} & 1 \end{bmatrix} \begin{bmatrix} v_2 \\ -i_2 \end{bmatrix} \tag{6.70}$$

このときの伝送行列（F_2 とする）は次式となる．

$$F_2 = \begin{bmatrix} 1 & 0 \\ \dfrac{1}{Z_2} & 1 \end{bmatrix} \tag{6.71}$$

つぎに，式 (6.68)，式 (6.69) より，次式が得られる．

$$\begin{bmatrix} v_1 \\ v_2 \end{bmatrix} = Z_2 \begin{bmatrix} 1 & 1 \\ 1 & 1 \end{bmatrix} \begin{bmatrix} i_1 \\ i_2 \end{bmatrix} \tag{6.72}$$

このときのインピーダンス行列（Z_2 とする）は

$$Z_2 = Z_2 \begin{bmatrix} 1 & 1 \\ 1 & 1 \end{bmatrix} \tag{6.73}$$

となる．この行列のランクは 1 なので，逆行列は存在しない．よって，アドミタンス行列 Y_2 は定まらない．

つぎに，直列素子と並列素子を縦続接続した 2 端子対回路を図 6-21 に示した．この回路の伝送行列（F とする）を求めるためには，直列素子と並列素子の伝送行列の積を計算すればよいので，

$$\begin{aligned} F &= F_1 F_2 \\ &= \begin{bmatrix} 1 & Z_1 \\ 0 & 1 \end{bmatrix} \begin{bmatrix} 1 & 0 \\ \dfrac{1}{Z_2} & 1 \end{bmatrix} = \begin{bmatrix} 1 + \dfrac{Z_1}{Z_2} & Z_1 \\ \dfrac{1}{Z_2} & 1 \end{bmatrix} \end{aligned} \tag{6.74}$$

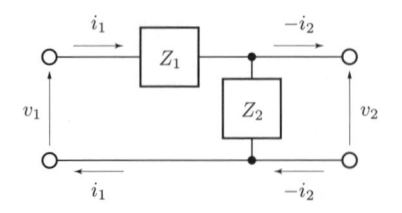

図 6-21 直列素子と並列素子の縦続接続

となる.

この 2 端子対回路では,インピーダンス行列とアドミタンス行列の両方とも計算できるが,それは演習問題 (6-3) としておこう.

以上で説明してきたように,2 端子対回路の直列接続はインピーダンス行列に,並列接続はアドミタンス行列に,そして縦続接続は伝送行列に対応している.そして,接続された複数個の 2 端子対回路の合成インピーダンス(アドミタンス)や伝送行列は,行列の和や積を計算することによって求めることができた.

6.4 等価回路

6.4.1 T 形等価回路と π 形等価回路

二つの 2 端子対回路における電気的性質がすべての周波数において等しいとき,それらは**等価回路**(equivalent circuit)であるという.二つの 2 端子対回路が等価であるかどうかを見分けることは容易であり,インピーダンス行列(あるいはアドミタンス行列)が同一であるとき,等価回路である.

さて,ある 2 端子対回路のインピーダンス行列とアドミタンス行列がともに既知の対称行列で,それぞれつぎのように与えられるとする.

$$\boldsymbol{Z} = \begin{bmatrix} Z_{11} & Z_{12} \\ Z_{12} & Z_{22} \end{bmatrix}, \quad \boldsymbol{Y} = \begin{bmatrix} Y_{11} & Y_{12} \\ Y_{12} & Y_{22} \end{bmatrix} \quad (6.75)$$

6.4 等価回路

この 2 端子対回路の T 形等価回路と π 形等価回路はそれぞれ図 6-22 のように与えられる．これらがなぜ等価回路となるのかは，インピーダンス行列とアドミタンス行列の意味を考えれば明らかであろう．

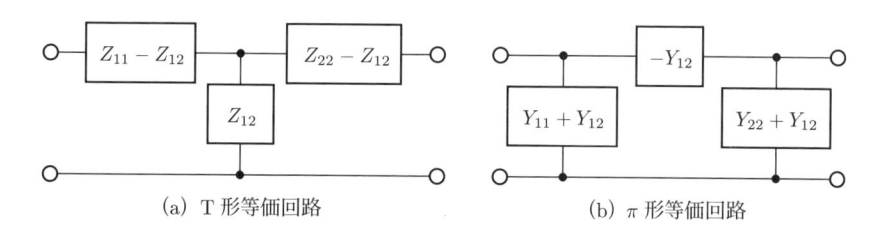

(a) T 形等価回路　　(b) π 形等価回路

図 6-22　T 形等価回路と π 形等価回路

例題 6.7

下図に示したように，インピーダンス行列が

$$\boldsymbol{Z} = \begin{bmatrix} Z_{11} & Z_{12} \\ Z_{12} & Z_{22} \end{bmatrix}$$

である 2 端子対回路の 1 次側と 2 次側にそれぞれインピーダンス Z_1 と Z_2 を直列に接続したとき，全体の 2 端子対回路の T 形等価回路を求めよ．

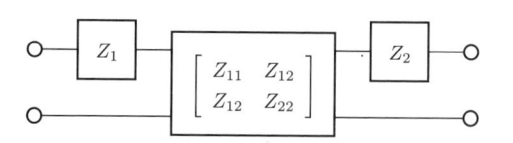

解答　もとの 2 端子対回路を T 形等価回路に変換して上図を書き直すと，図 6-23 が得られる．図より，T 形等価回路のインピーダンス行列を Z_a, Z_b, Z_c とすると，それらは次式となる．

$$Z_a = Z_1 + Z_{11} - Z_{12}, \quad Z_b = Z_2 + Z_{22} - Z_{12}, \quad Z_c = Z_{12}$$

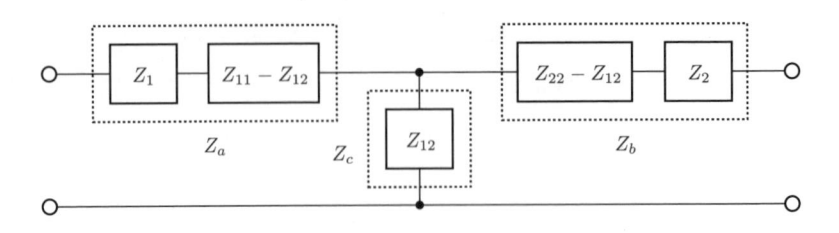

図 6-23 例題 6.7 の解法

例題 6.8

下図に示したように，アドミタンス行列が

$$Y = \begin{bmatrix} Y_{11} & Y_{12} \\ Y_{12} & Y_{22} \end{bmatrix}$$

である 2 端子対回路の 1 次側と 2 次側にそれぞれアドミタンス Y_1 と Y_2 を並列に接続したとき，全体の 2 端子対回路の π 形等価回路を求めよ．

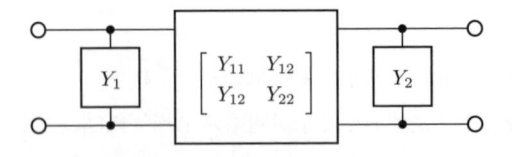

解答 もとの 2 端子対回路を π 形等価回路に変換して上図を書き直すと，図 6-24 が得られる．図より，π 形等価回路のアドミタンス行列を Y_a, Y_b, Y_c とす

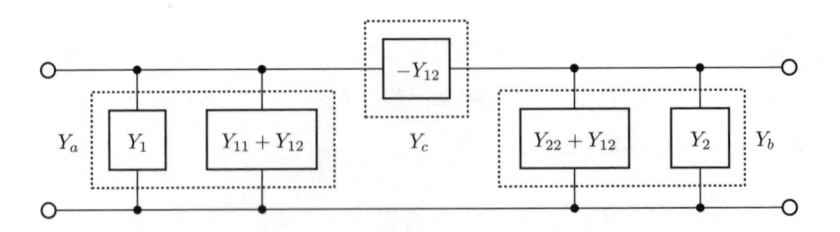

図 6-24 例題 6.8 の解法

ると，それらは次式となる．

$$Y_a = Y_1 + Y_{11} + Y_{12}, \quad Y_b = Y_2 + Y_{22} + Y_{12}, \quad Y_c = -Y_{12}$$

6.4.2 Σ−Δ 変換

図 6-25 の (a) と (b) に示した π 形回路と T 形回路が等価回路となるための条件を導いてみよう．

(a) の π 形回路のインピーダンス行列は，

$$\boldsymbol{Z}_\pi = \frac{1}{Z_1 + Z_2 + Z_3} \begin{bmatrix} Z_1(Z_2 + Z_3) & Z_1 Z_2 \\ Z_1 Z_2 & Z_2(Z_1 + Z_3) \end{bmatrix}$$

となる．このインピーダンス行列の T 形等価回路 (b) の各パラメータはつぎのように計算できる．

$$Z_a = Z_{11} - Z_{12} = \frac{Z_1 Z_3}{Z_1 + Z_2 + Z_3} \tag{6.76}$$

$$Z_b = Z_{22} - Z_{12} = \frac{Z_2 Z_3}{Z_1 + Z_2 + Z_3} \tag{6.77}$$

$$Z_c = Z_{12} = \frac{Z_1 Z_2}{Z_1 + Z_2 + Z_3} \tag{6.78}$$

このように，π 形回路と T 形回路の等価変換のことを **Σ−Δ 変換**という．

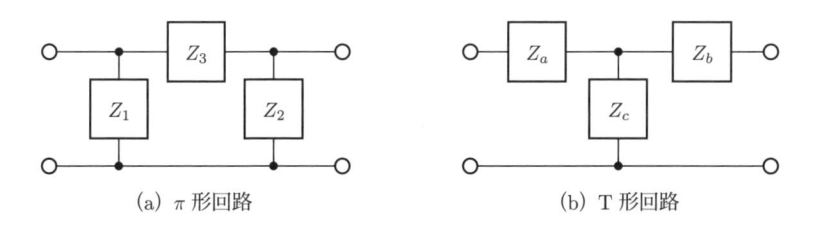

(a) π 形回路   (b) T 形回路

図 6-25 　Σ − Δ 変換

演習問題

6-1 式 (6.8) 左辺かっこ内が 2×2 行列であることを確認せよ．

6-2 式 (6.55) を導出せよ．

6-3 図 6-21 の 2 端子対回路のインピーダンス行列とアドミタンス行列を計算せよ．

6-4 下図の 2 端子対回路の伝送行列を求めよ．

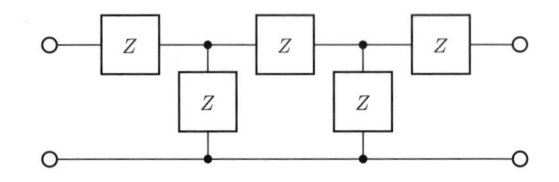

6-5 下図の 2 端子対回路について以下の問いに答えよ．

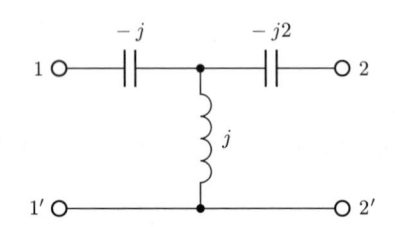

(1) 回路の F 行列を求めよ．
(2) (1) の結果を用いて，端子 2–2′ 間を短絡したときの端子 1–1′ 間のインピーダンスを求めよ．
(3) 同様にして，端子 2–2′ 間に大きさ 1 の抵抗を接続したときの端子 1–1′ 間のインピーダンスを求めよ．

参考文献

電気回路に関する本は多数出版されているが，本書では以下に列挙する本や論文を参考にした．[7]，[8] はコラム 17「テブナンとノートンの謎」の執筆で参考にした．

- [1] 末崎輝雄，天野弘：『改訂 電気回路理論』，コロナ社，1969．
- [2] 森真作：『電気回路ノート』，コロナ社，1977．
- [3] 森真作，南谷晴之：『電気回路演習ノート』，コロナ社，1991．
- [4] 川村雅恭：『電気回路』，昭晃堂，1992．
- [5] 西哲生：『電気回路』，昭晃堂，2000．
- [6] J. O. Attia: "Electronics and Circuit Analysis using MATLAB," CRC Press, 1999.
- [7] D. H. Johnson: "Origins of the equivalent circuit concept : the voltage-source equivalent," Proc. IEEE, Vol.91, pp.636–640, 2003.
- [8] D. H. Johnson: "Origins of the equivalent circuit concept : the current-source equivalent," Proc. IEEE, Vol.91, pp.817–821, 2003.
- [9] 山崎俊雄，木本忠昭：『新版 電気の技術史』，オーム社，1992．
- [10] 岩本洋：『絵でみる電気の歴史』，オーム社，2002．

演習問題の解答例

第1章

1-1 $R_{AB} = 15/16$ 〔Ω〕, $R_{AC} = 7/16$ 〔Ω〕, $R_{BC} = 3/4$ 〔Ω〕

1-2 $1\,\Omega$

1-3 $I = \dfrac{R_2 R_3 - R_1 R_4}{R_2 R_3 R_4 + R_3 R_4 R_1 + R_4 R_1 R_2 + R_1 R_2 R_3} E$, $R_2 R_3 = R_1 R_4$

1-4 $E = 5$ 〔V〕, $r = 2$ 〔Ω〕

1-5 (1) $6\,\Omega$

(2) 各抵抗に流れる電流を I_1, I_2, I_3, I_4 とすると, $I_1 = 2$ 〔A〕, $I_2 = 1.5$ 〔A〕, $I_3 = 0.5$ 〔A〕, $I_4 = 2$ 〔A〕となる.また,各抵抗の電圧降下はそれぞれ $R_1 I_1 = 2$ 〔V〕, $R_2 I_2 = 6$ 〔V〕, $R_3 I_3 = 6$ 〔V〕, $R_4 I_4 = 4$ 〔V〕である.

1-6 $E_{AB} = \dfrac{r_2 E_1 + r_1 E_2}{r_1 + r_2}$

1-7 $E_{AB} = \dfrac{r_2 r_3 E_1 + r_3 r_1 E_2 + r_1 r_2 E_3}{r_1 r_2 + r_2 r_3 + r_3 r_1}$

1-8 (1) $r_A + R$

(2) $\dfrac{R}{1 + \dfrac{R}{r_V}}$

(3) $R \gg r_A$ の場合は VA 形回路で測定すると誤差を小さくできる.一方,$R \ll r_V$ の場合は AV 形回路で測定すると誤差を小さくできる.

第2章

2-1 (1) 周波数はそれぞれ 50 Hz, 150 Hz. 波形は下図.

(2) 波形は下図. $7\pi/12$ だけ進んでいる.

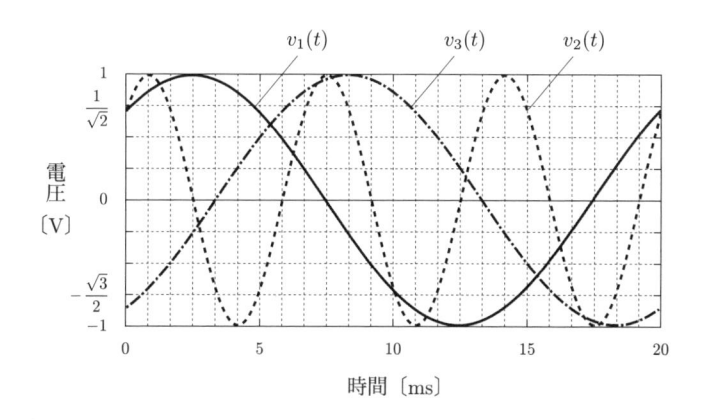

2-2 (1) $I_m = 5 \times 10^{-5}$ 〔A〕, $\varphi = \dfrac{\pi}{3}$ 〔rad〕

(2) $\pi/3$ 進んでいる.

2-3 (1) 25 A

(2) 20 A

(3) 100 A

(4) 20 A

2-4 250 cm^3/s

2-5 (1) $0.5 \sin\left(100\pi t - \dfrac{\pi}{3}\right)$ 〔A〕

(2) $\pi/3$ 遅れている.

(3) 50 〔%〕

(4) $V = 50\sqrt{2}$ 〔V〕, $I = \dfrac{\sqrt{2}}{4}$ 〔A〕

(5) 25 W

(6) $25\left\{\cos\dfrac{\pi}{3} - \cos\left(200\pi t - \dfrac{\pi}{3}\right)\right\}$ 〔W〕

(7) 12.5 W

2-6 (1) $\cos\varphi = 80$ [%], $Z = 5$ [Ω]

(2) $R = 4$ [Ω], $L = 30$ [mH]

(3) $R = 4$ [Ω], $C = 3.33 \times 10^{-3}$ [F]

2-7 200 μF

第 3 章

3-1 (1) $\sqrt{2}e^{j\frac{\pi}{4}}$

(2) $2\sqrt{2}e^{j\frac{\pi}{3}}$

3-2 (1) $|e^{j\theta}| = |\cos\theta + j\sin\theta| = \sqrt{\cos^2\theta + \sin^2\theta} = 1$

(2) $\dfrac{1}{e^{j\theta}} = \dfrac{1}{\cos\theta + j\sin\theta} = \dfrac{\cos\theta - j\sin\theta}{\cos^2\theta + \sin^2\theta} = \cos\theta - j\sin\theta = e^{-j\theta}$

3-3 (1) $2e^{-j\frac{\pi}{3}}$

(2) $\left(\sqrt{2} + \sqrt{6}\right) e^{-j\frac{\pi}{4}}$

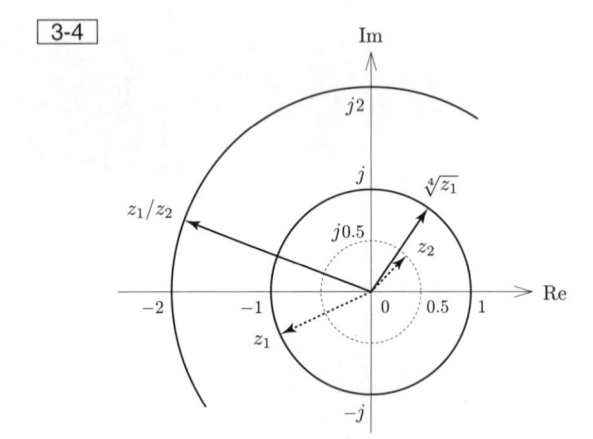

3-4

3-5 (1) $100\sqrt{3}$ A

(2) $\pi/3$ [rad] だけ遅れている.

3-6 (1) $1+j3$ 〔A〕

(2) $26.6°$, 進んで

3-7 (1) $4+j22$ 〔Ω〕

(2) $6-j8$ 〔A〕

(3) 10 A

3-8 (1) $74\sin\left(5000t+\dfrac{\pi}{4}\right)$ 〔V〕

(2) $300-j50$ 〔Ω〕

(3) $\pi/2$ だけ遅れている.

(4) $\boldsymbol{P}_c=\dfrac{37(6-j)}{25}$, $P_a=8.88$ 〔W〕

第 4 章

4-1 (1) $(R_1+R_2+R_5)I_A - R_1 I_B - R_2 I_C = E_1$
$-R_1 I_A + (R_1+R_3)I_B - R_3 I_C = E_2$
$-R_2 I_A - R_3 I_B + (R_2+R_3+R_5)I_C = 0$

(2) $I_A=10$ 〔A〕, $I_B=8$ 〔A〕, $I_C=6$ 〔A〕

4-2 $\boldsymbol{I}_1 = \dfrac{(\boldsymbol{Z}_1\boldsymbol{Z}_2+\boldsymbol{Z}_2\boldsymbol{Z}_3+\boldsymbol{Z}_3\boldsymbol{Z}_1)\boldsymbol{I}-\boldsymbol{Z}_3\boldsymbol{V}}{\boldsymbol{Z}_1\boldsymbol{Z}_2+\boldsymbol{Z}_1\boldsymbol{Z}_3+\boldsymbol{Z}_2\boldsymbol{Z}_3+\boldsymbol{Z}_2\boldsymbol{Z}_4+\boldsymbol{Z}_3\boldsymbol{Z}_4}$

$\boldsymbol{I}_2 = \dfrac{(\boldsymbol{Z}_1+\boldsymbol{Z}_3+\boldsymbol{Z}_4)\boldsymbol{V}-(\boldsymbol{Z}_1\boldsymbol{Z}_2+\boldsymbol{Z}_1\boldsymbol{Z}_3+\boldsymbol{Z}_2\boldsymbol{Z}_3+\boldsymbol{Z}_2\boldsymbol{Z}_4)\boldsymbol{I}}{\boldsymbol{Z}_1\boldsymbol{Z}_2+\boldsymbol{Z}_1\boldsymbol{Z}_3+\boldsymbol{Z}_2\boldsymbol{Z}_3+\boldsymbol{Z}_2\boldsymbol{Z}_4+\boldsymbol{Z}_3\boldsymbol{Z}_4}$

4-3 $\boldsymbol{I}_1=-0.1-j0.2$ 〔A〕, $\boldsymbol{I}_2=-j0.2$ 〔A〕, $\boldsymbol{I}_3=-0.1$ 〔A〕

4-4 (1) A: $I_0-I_1-I_2=0$

B: $I_1-I_3-I_4=0$

C: $I_2+I_4-I_5=0$

D: $-I_0+I_3+I_5=0$

(2) ブランチ 6 個, ノード 4 個

(3) 3

(4) $R_0I_0 + R_1I_1 + R_3I_3 = E$

$R_0I_0 + R_2I_2 + R_5I_5 = E$

$R_1I_1 - R_2I_2 + R_4I_4 = 0$

(5) 2.5 V

4-5 (1) $3I_1 - I_2 - I_3 = 1$

$-I_1 + 3I_2 - I_3 = 1$

$-I_1 - I_2 + 3I_3 = -1$

(2) $\begin{bmatrix} 3 & -1 & -1 \\ -1 & 3 & -1 \\ -1 & -1 & 3 \end{bmatrix} \begin{bmatrix} I_1 \\ I_2 \\ I_3 \end{bmatrix} = \begin{bmatrix} 1 \\ 1 \\ -1 \end{bmatrix}$

(3) 0 A

4-6 (1) $I_1 - I_2 + \dfrac{V_1 - V_2}{R_1} = 0$

$\dfrac{V_2 - V_1}{R_1} + \dfrac{V_2}{R_3} + \dfrac{V_2 - V_3}{R_2} = 0$

$\dfrac{V_3 - V_2}{R_2} - I_1 + \dfrac{V_3}{R_4} = 0$

(2) $V_1 = 2$ [V], $V_2 = 1$ [V], $V_3 = 1$ [V]

4-7 (1) $\begin{bmatrix} \dfrac{1}{R_1} + \dfrac{1}{R_2} & -\dfrac{1}{R_2} & 0 \\ -\dfrac{1}{R_2} & \dfrac{1}{R_2} + \dfrac{1}{R_3} + \dfrac{1}{R_4} & -\dfrac{1}{R_4} \\ 0 & -\dfrac{1}{R_4} & \dfrac{1}{R_4} + \dfrac{1}{R_5} \end{bmatrix} \begin{bmatrix} V_1 \\ V_2 \\ V_3 \end{bmatrix} = \begin{bmatrix} I_1 \\ 0 \\ I_2 \end{bmatrix}$

(2) $V_1 = 1$ [V], $V_2 = 1$ [V], $V_3 = 2$ [V]

4-8 $\boldsymbol{V}_1 = 2\angle{-\pi}$ [V], $\boldsymbol{V}_2 = 4\sqrt{2}\angle{-3/4\pi}$ [V]

第5章

5-1 $\dfrac{V + Z_1 I}{Z_1 + Z_3}$

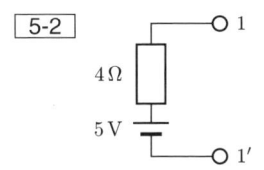

5-2

```
         ○ 1
    ┌──┐
 4Ω │  │
    └──┘
 5V ─┤├─
         ○ 1'
```

5-3 $4 - j30\,[\Omega]$

5-4 略

第6章

6-1 6-2 略

6-3 $\begin{bmatrix} Z_1 + Z_2 & Z_2 \\ Z_2 & Z_2 \end{bmatrix}$, $\begin{bmatrix} \dfrac{1}{Z_1} & -\dfrac{1}{Z_1} \\ -\dfrac{1}{Z_1} & \dfrac{1}{Z_1} + \dfrac{1}{Z_2} \end{bmatrix}$

6-4 $\begin{bmatrix} 5 & 8Z \\ \dfrac{3}{Z} & 5 \end{bmatrix}$

6-5 (1) $\begin{bmatrix} 0 & -j \\ -j & -1 \end{bmatrix}$

(2) j

(3) $\dfrac{1+j}{2}$

教科書採用教員用として，講義資料を準備しております．
詳しくは小局（営業）までお問い合わせください．

電話　(03) 5284-5386（営業）　　e-mail　info@tdupress.jp

索引

■ 記号

π形
　　——回路　201
　　——等価回路　213
Σ変換　215

■ 数字

1次
　　——側　188
　　——近似　101
2次側　188
2端子対回路　188
　　——のアドミタンス行列　200
　　——のインピーダンス行列　191
4端子定数　206

■ 英字

AC：Alternating Current　17, 31
active network　196
active power　82, 131
admittance　44
admittance matrix　143, 148
alternating voltage　31
ampere　2
apparent power　83
argument　93
auto-admittance　148
auto-impedance　142
average power　72

back electromotive force　2
battery　17
branch　137

capacitive reactance　51, 112

capacitor　48
cascade connection　209
cell　17
chain matrix　206
circuit network　136
coil　39
complex admittance　110, 117
complex impedance　108, 109
complex number　90
complex power　130, 131
condenser　48
conductance　3, 110
conjugate complex number　95
constant current source　19
constant voltage source　18
coupling coefficient　85
Cramer's formula　144
cross-admittance　148
cross-impedance　143
current　1
current source　17

DC：Direct Current　17
driving point admittance　202
driving point impedance　194
dual　118
duality　186

effective value　35, 73
electric charge　1
electric circuit　2
electric potential　1
electricity　1
electromagnetic induction law　39
electromotive force　17
electrostatic energy　80
energy　22
equivalent　20

equivalent circuit   20, 212
equivalent generator theorem   167
Euler's relationship   91
external resistance   17

F 行列   206
Faraday's law   39
frequency   32
frequency characteristics   123
fundamental matrix   206

graph   136

ideal transformer   85
imaginary part   90
impedance   43
impedance matrix   142
inductive reactance   43, 108
inductor   39
inner product   82
instantaneous power   71
instantaneous value   32
internal resistance   17, 167

Joule heat   24
Joule's law   24

KCL：Kirchhoff's Current Law   13, 145
Kirchhoff's law   12
KVL：Kirchhoff's Voltage Law   14, 138

lagging power factor   82
leading power factor   82
linear circuit   56, 160
linear combination   162
load   17
loop   14, 137
lossless   126
lossless network   208

Maclaurin's expansion   101
magnetic energy   78, 80
mutual inductance   84
mutual inductor   84

node   12, 136
Norton's theorem   177

Ohm's law   2

open circuit   6, 163
outer product   83

parallel connection   8, 205
passive network   196
period   33
phase   34
phase angle   93
phase difference   34
phasor 表現   103
polar coordinate system   93
power factor   81, 82
Principle of superposition   162

Q 値   125

RC
　——直列回路　60
　——直列回路のインピーダンス　65
　——並列回路　67
reactive power   83, 131
real part   90
rectangular coordinate system   91
resistor   2
resonance   123
RL
　——直列回路　54
　——並列回路　66
RLC
　——直列回路　63
　——並列回路　69
　——並列回路のアドミタンス　69

same phase   34
self inductance   84
series connection   7, 197
sharpness   125
short circuit   6, 163
steady-state   48, 56
susceptance   110

T 形
　——回路　191
　——等価回路　213
Thevenin's theorem   166
transfer admittance   203
transfer impedance   195
transient   56
transmission matrix   206

two-port network 188

unit circle 91
unity coupled transformer 85

volt 2
voltage 1
voltage drop 2
voltage source 17

Wheatstone bridge 179
work 16

Y 行列 200
Y パラメータ 200

Z 行列 191
Z パラメータ 191

■ あ

アドミタンス 44
　　──行列 143, 148
アンペア 2

位相 34
　　──角 93
　　──差 34
　　──の遅れと進み 34
インダクタ 39
　　──のみの回路の電圧と電流 43
インダクタンス 39
インピーダンス 43
　　──行列 142
　　──表現 142

エネルギー 22
　　──保存則 16

オイラーの関係式 91
オームの法則 2
遅れ力率 82

■ か

外積 83
外部抵抗 17
開放 6, 163
回路網 136
可逆回路 196

角周波数 32
重ね合わせの理 162
過渡状態 48, 56
環路 14, 137

起電力 17
逆位相 125
逆起電力 2
キャパシタ 48
　　──のみの回路の電圧と電流 51
共振 123
　　──角周波数 123
　　──電流 123
共役複素数 95
極座標 92
　　──系 93
　　──表現 93
虚部 90
キルヒホッフ
　　──の第1法則 13
　　──の第2法則 14
　　──の電圧則 14, 138
　　──の電流則 13, 145
　　──の法則 12

駆動点
　　──アドミタンス 202
　　──インピーダンス 194
クラーメルの公式 144
グラフ 136
　　──表現 136

結合係数 85

コイル 39
合成
　　──コンダクタンス 9
　　──抵抗 7
効率 25
交流 17
　　──電圧 31
　　──電圧源 17
　　──電流 31
　　──電流源 17
コンダクタンス 3, 110
コンデンサ 48

■ さ

サセプタンス 110
三角関数
　——の加法定理 100
　——の合成定理 58
　——のマクローリン展開 101
磁気エネルギー 78, 80
自己
　——アドミタンス 148
　——インダクタンス 84
　——インピーダンス 142
仕事 16
実効値 35, 73
実部 90
周期 33
縦続
　——行列 206
　——接続 209
周波数 32
　——応答の原理 56
　——特性 123
ジュール
　——熱 24
　——の法則 24
受動
　——回路 196
　——素子 196
瞬時
　——値 32
　——電力 71

進み力率 82

正弦波交流 31
　——のフェーザ表現 103
静電エネルギー 80
正電荷 1
絶対値 93
尖鋭度 125
線形
　——回路 56, 160
　——結合 162

相互
　——アドミタンス 148
　——インダクタンス 84
　——インピーダンス 143
　——誘導回路 84
双対 118
　——性 186

■ た

単位円 91
短絡 6, 163
直流 17
　——電圧源 17
　——電流源 17
直列
　——共振 123
　——接続 7, 197
　——素子 210
直交座標
　——系 91
　——表現 91
抵抗 2
定常
　——状態 48, 56
　——電流 58
定電圧源 18
定電流源 19
テブナンの定理 166
電圧 1
　——共振 123
　——源 17
　——降下 2
　——の分配則 8
　——平衡の法則 14
電位 1
　——差 2
電荷の保存則 13
電気 1
　——回路 2
電磁誘導の法則 39
伝送行列 206
伝達
　——アドミタンス 203
　——インピーダンス 195
電池 17
電流 1
　——共振 126
　——源 17
　——の分配則 10

――連続の法則　13
電力　22, 24

ド・モアブルの定理　98
等価　20
　　――回路　20, 212
　　――電圧源の定理　167
　　――電流源の定理　177
同相　34
独立なループの数　139

■ な

内積　82
内部
　　――アドミタンス　177
　　――インピーダンス　166
　　――コンダクタンス　177
　　――抵抗　17, 167
能動回路　196
ノード　12, 136
　　――方程式　146
ノートンの定理　177

■ は

パワーとエネルギー　22

皮相電力　83

ファラッド　50
ファラデー　39
フェーザ表現　103
負荷　17
複素
　　――アドミタンス　110, 117
　　――アドミタンスの計算法　120
　　――インピーダンス　108, 109
　　――インピーダンスの計算法　120
　　――関数の公式　100
　　――数　90
　　――数の四則演算　97
　　――電圧　102
　　――電流　102, 103, 106
　　――電力　130, 131
節点　12, 136

ブランチ　137
分圧則　8
分流則　10

平均電力　72
並列
　　――共振　126
　　――接続　8, 205
　　――素子　210
閉路　14, 137
　　――解析　143
偏角　93
ヘンリー　39

ホイートストンブリッジ　179
　　――の平衡条件　185
ボルト　2

■ ま

マクローリン展開　100

密結合変成器　85

無効電力　83, 131
無損失　126
　　――回路　208

■ や

有効電力　82, 131
誘導リアクタンス　43, 108

余因子　144
容量リアクタンス　51, 112

■ ら

力率　81, 82
理想変成器　85

ループ　14, 137
　　――解析　143
　　――電流　140
　　――方程式　139

零位法　185

【著者紹介】

足立修一（あだち・しゅういち）
　学　歴　慶應義塾大学大学院工学研究科博士課程修了，工学博士（1986年）
　職　歴　(株)東芝総合研究所（1986～1990年）
　　　　　宇都宮大学工学部電気電子工学科　助教授（1990年），教授（2002年）
　　　　　航空宇宙技術研究所　客員研究官（1993～1996年）
　　　　　ケンブリッジ大学工学部　客員研究員（2003～2004年）
　現　在　慶應義塾大学理工学部物理情報工学科　教授（2006年）

森　大毅（もり・ひろき）
　学　歴　東北大学大学院工学研究科博士後期課程修了，博士（工学）（1998年）
　職　歴　東北大学大学院工学研究科　助手（1998～1999年）
　　　　　宇都宮大学工学部電気電子工学科　助手（1999～2006年）
　現　在　宇都宮大学工学部電気電子工学科　准教授（2006年）

電気回路の基礎

2007年2月20日　第1版1刷発行　　　ISBN 978-4-501-11320-9 C3054
2020年7月20日　第1版2刷発行

著　者　足立修一・森　大毅
　　　　Ⓒ Adachi Shuichi, Mori Hiroki 2007

発行所　学校法人　東京電機大学　〒120-8551　東京都足立区千住旭町5番
　　　　東京電機大学出版局　Tel. 03-5284-5386（営業）03-5284-5385（編集）
　　　　　　　　　　　　　　Fax. 03-5284-5387　振替口座00160-5-71715
　　　　　　　　　　　　　　https://www.tdupress.jp/

[JCOPY]　＜(社)出版者著作権管理機構　委託出版物＞
本書の全部または一部を無断で複写複製（コピーおよび電子化を含む）することは，著作権法上での例外を除いて禁じられています。本書からの複製を希望される場合は，そのつど事前に，(社)出版者著作権管理機構の許諾を得てください。
また，本書を代行業者等の第三者に依頼してスキャンやデジタル化をすることはたとえ個人や家庭内での利用であっても，いっさい認められておりません。
[連絡先] Tel. 03-5244-5088, Fax. 03-5244-5089, E-mail: info@jcopy.or.jp

制作：(株)グラベルロード　　印刷：新灯印刷(株)　　製本：渡辺製本(株)
装丁：高橋壮一
落丁・乱丁本はお取り替えいたします。　　　　　　　　Printed in Japan

理工学講座

基礎 **電気・電子工学** 第2版
宮入・磯部・前田 監修　A5判　306頁

改訂 **交流回路**
宇野辛一・磯部直吉 共著　A5判　318頁

電磁気学
東京電機大学 編　A5判　266頁

高周波電磁気学
三輪進 著　A5判　228頁

電気電子材料
松葉博則 著　A5判　218頁

パワーエレクトロニクスの基礎
岸敬二 著　A5判　290頁

照明工学講義
関重広 著　A5判　210頁

電子計測
小滝國雄・島田和信 共著　A5判　160頁

改訂 **制御工学** 上
深海登世司・藤巻忠雄 監修　A5判　246頁

制御工学 下
深海登世司・藤巻忠雄 監修　A5判　156頁

気体放電の基礎
武田進 著　A5判　202頁

電子物性工学
今村舜仁 著　A5判　286頁

半導体工学
深海登世司 監修　A5判　354頁

電子回路通論 上／下
中村欽雄 著　A5判　226／272頁

画像通信工学
村上伸一 著　A5判　210頁

画像処理工学
村上伸一 著　A5判　178頁

電気通信概論 第3版
荒谷孝夫 著　A5判　226頁

通信ネットワーク
荒谷孝夫 著　A5判　234頁

アンテナおよび電波伝搬
三輪進・加来信之 共著　A5判　176頁

伝送回路
菊池憲太郎 著　A5判　234頁

光ファイバ通信概論
榛葉實 著　A5判　130頁

無線機器システム
小滝國雄・萩野芳造 共著　A5判　362頁

電波の基礎と応用
三輪進 著　A5判　178頁

生体システム工学入門
橋本成広 著　A5判　140頁

機械製作法要論
臼井英治・松state隆 共著　A5判　274頁

加工の力学入門
臼井英治・白樫高洋 共著　A5判　266頁

材料力学
山本善之 編著　A5判　200頁

改訂 **物理学**
青野朋義 監修　A5判　348頁

改訂 **量子物理学入門**
青野・尾林・木下 共著　A5判　318頁

量子力学概論
篠原正三 著　A5判　144頁

量子力学演習
桂重俊・井上真 共著　A5判　278頁

統計力学演習
桂重俊・井上真 共著　A5判　302頁

＊定価，図書目録のお問い合わせ・ご要望は出版局までお願いいたします．
URL http://www.tdupress.jp/